致力于九项机制的城镇老旧小区改造

中国建筑文化中心　编

U0283492

江苏凤凰科学技术出版社·南京

图书在版编目（CIP）数据

致力于九项机制的城镇老旧小区改造 / 中国建筑文化中心编 . -- 南京：江苏凤凰科学技术出版社，2023.4
ISBN 978-7-5713-3490-1

Ⅰ . ①致… Ⅱ . ①中… Ⅲ . ①城镇 - 居住区 - 旧房改造 - 研究 Ⅳ . ① TU984.12

中国国家版本馆 CIP 数据核字 (2023) 第 055647 号

致力于九项机制的城镇老旧小区改造

编　　　者	中国建筑文化中心
项 目 策 划	凤凰空间／杨　琦
责 任 编 辑	赵　研　刘屹立
特 约 编 辑	杨　琦

出 版 发 行	江苏凤凰科学技术出版社
出版社地址	南京市湖南路 1 号 A 楼，邮编：210009
出版社网址	http://www.pspress.cn
总 　经　 销	天津凤凰空间文化传媒有限公司
总经销网址	http://www.ifengspace.cn
印　　　刷	北京博海升彩色印刷有限公司

开　　　本	787mm×1 092 mm　1 ／ 16
印　　　张	11
字　　　数	200 000
版　　　次	2023 年 4 月第 1 版
印　　　次	2023 年 4 月第 1 次印刷

标 准 书 号	ISBN 978-7-5713-3490-1
定　　　价	158.00 元

图书如有印装质量问题，可随时向销售部调换（电话：022-87893668）。

■ 编委会

■ 特别感谢

目录

第四章　专家观点

第一章
概述

第一节　城镇老旧小区改造的背景

改革开放后，我国城市建设进入快车道。随着我国城市化进程的不断加快，常住人口城镇化率由 1998 年的 30.4%，提高至 2022 年的 65.2%，增长了超 1 倍，在此期间城市中建设了大量的住宅小区。当前我国已经步入城镇化较快发展的中后期，城市发展由大规模增量建设转为存量提质改造和增量结构调整并重。居住社区是城市居住生活和城市治理的基本单元，是城市空间结构的基本单元，与居民生活息息相关。同时居住建筑是现有城市中体量最大的存在体，是塑造城市风貌的物质载体，承载了城市记忆。

建成于 2000 年之前的住宅小区，由于年代久远，存在房屋破旧、配套设施不齐、环境脏乱差、违章搭建严重、停车位不足、公共管理服务落后等客观问题，居住环境日趋恶劣[1]，采取相应措施予以应对和解决已刻不容缓。

近年来，党中央和国务院高度重视城镇老旧小区改造工作，围绕城镇老旧小区改造相继出台了一系列重要政策和文件。2015 年中央城市工作会议提出"加快城镇棚户区和危房改造，加快老旧小区改造"；2016 年，中共中央、国务院《关于进一步加强城市规划建设管理工作的若干意见》中多次提及老旧住宅小区的改造问题；2017 年，住房和城乡建设部（以下简称"住建部"）在厦门、广州等 15 个城市启动了城镇老旧小区改造的试点工作；2019 年 6 月，国务院部署推进城镇老旧小区改造工作，并明确提出"加快改造城镇老旧小区，群众愿望强烈，是重大民生工程和发展工程"；同年 8 月，中共中央政治局会议将实施城镇老旧小区改造写入议程，城镇老旧小区改造迎来了顶层政策的支持；2019 年政府工作报告提出"城镇老旧小区量大面广，要大力进行改造提升"；同年 12 月，中央经济工作会议再次强调"做好城镇老旧小区改造工作"，并部署全国老旧小区改造工作正式开展试点工作；2020 年，中央经济工作会议将"加强城市更新和存量住房改造提升，做好城镇老旧小区改造"列入 2020 年重点工作；同年 4 月，国务院总理李克强主持召开国务院常务会议，对老旧小区改造投资进一步加码；同年 7 月，国务院办公厅印发《关于全面推进城

---

[1] 王书评，郭菲．城市老旧小区更新中多主体协同机制的构建 [J]．城市规划学刊，2021(03)：50−57。

镇老旧小区改造工作的指导意见》，强调"城镇老旧小区改造是重大民生工程和发展工程，对满足人民群众美好生活需要、推动惠民生扩内需、推进城市更新和开发建设方式转型、促进经济高质量发展具有十分重要的意义"，明确了老旧小区改造的总体要求，改造任务，建立健全组织实施机制，建立改造资金政府与居民、社会力量合理共担机制，完善配套政策，强化组织保障，全面推进城镇老旧小区改造工作。2021年3月，在政府工作报告中，计划新开工改造城镇老旧小区5.3万个；同年，住建部陆续公布了三批《城镇老旧小区改造可复制政策机制清单》，介绍了各地老旧小区改造的有效经验。截至2021年底，全国新开工城镇老旧小区5.56万个，提前超额完成年度目标，100个联系点小区改造工作顺利实施。

由此可见，城镇老旧小区改造从顶层设计层面初步推进至全国范围内更新改造工作，从试点探索、财政支持和行政推动为主的试点项目阶段转向全域推进、政府支持和社会参与相结合的多元共建新阶段 [1]。城镇老旧小区改造是党中央和国务院站在全面建设社会主义现代化国家、实现中华民族伟大复兴中国梦的战略高度，对加快转变城市发展方式、实施城市更新行动以及推动城市品质提升所提出的重要举措，具有十分重要与深远的时代意义。

城镇老旧小区改造既是城市有机更新的重要组成部分，也是推动城市结构调整、完善城市空间治理的关键所在。住建部数据显示，2020年全国新开工改造城镇老旧小区3.97万个，惠及居民近725万户。实施城镇老旧小区改造，具有经济、社会、环境等多方面的意义，是实现城市空间存量更新提升的破题之举，是惠及千家万户的重要民生工程，对于实现城市有效治理、全面提升城市发展质量、不断满足人民群众日益增长的美好生活需要、促进经济社会持续健康发展，具有重要意义。

[1] 刘佳燕. 可持续社区更新的实施策略与机制 [J]. 城市规划学刊 ,2021(03)：1–10。

第二节 城镇老旧小区改造的概念、范围及内容

2020 年国务院办公厅印发的《关于全面推进城镇老旧小区改造工作的指导意见》中对城镇老旧小区进行了明确定义，指出"城镇老旧小区是指城市或县城（城关镇）建成年代较早、失养失修失管、市政配套设施不完善、社区服务设施不健全、居民改造意愿强烈的住宅小区（含单栋住宅楼）"，并指出"重点改造 2000 年底前建成的老旧小区"。

城镇老旧小区改造内容可分为基础、完善、提升三类。基础类为满足居民安全需要和基本生活需求的内容，主要是市政配套基础设施改造提升以及小区内建筑物屋面、外墙、楼梯等公共部位维修等。其中，改造提升市政配套基础设施包括改造提升小区内部及与小区相关的供水、排水、供电、弱电、道路、供气、供热、消防、安防、生活垃圾分类、移动通信等基础设施，以及光纤入户、架空线规整（入地）等。完善类为满足居民生活便利需要和改善型生活需求的内容，主要是环境及配套设施改造建设、小区内建筑节能改造、有条件的楼栋加装电梯等。其中，改造建设环境及配套设施包括拆除违法建设，整治小区及周边绿化、照明等环境，改造或建设小区及周边适老设施、无障碍设施、停车库（场）、电动自行车及汽车充电设施、智能快件箱、智能信包箱、文化休闲设施、体育健身设施、物业用房等配套设施。提升类为丰富社区服务供给、提升居民生活品质、立足小区及周边实际条件积极推进的内容，主要是公共服务设施配套建设及其智慧化改造，包括改造或建设小区及周边的社区综合服务设施、卫生服务站等公共卫生设施、幼儿园等教育设施、周界防护等智能感知设施，以及养老、托育、助餐、家政保洁、便民市场、便利店、邮政快递末端综合服务站等社区专项服务设施。

围绕城镇老旧小区改造这一议题，国外做了大量探索与实践，形成了先进的经验体系。新加坡自 1959 年以后，推行"居者有其屋"政策，建造大量的公共住宅以解决当时严重的房荒问题。然而，随着时间增长出现了大量的公共住宅不能适应居民的生活需求的情况，为此，新加坡建屋发展局自 1990 年以来开展了一系列的社区更新计划，构建了"市镇—社区—住宅"三个层级的更新体系，构建可持续的改造和维护机制，极大地改善了老旧社区的居住环境以及存在的社会问题。日本自 2000 年以后进入少子高龄化社会，住宅空置、适老性差以及年轻人口流入不足导致了早期开发的小区开始衰败。为此，日本政府提出了一系列促进老旧小区更新改造的政策措施，通过降低改造门槛激发改造积极性，采取因地制宜且多样化的改造方式、开发多元化的资金来源等举措，取得了一系列成果。英国针对社区衰落、贫困和社区隔离等问题，

通过多方互助参与的合作伙伴关系，促进政府与非政府组织、社区及其他公共部门的协同合作，推进改造与治理目标的实现，主要呈现政府和社区相对分离、第三方组织参与社区公共事务决策、市民参与意识普遍较高、市场机制介入等特点。总的来讲，在国外相对成熟的老旧住宅小区改造中，总体呈现出追求多元目标、注重多尺度衔接、强调多方合作、匹配多种政策等特点，这对我国的城镇老旧小区改造具有一定启示意义。

在国内，诸多专家学者也展开了深入的研究与探索。吴志强院士提出科学诊断与百姓感知相联动、城市新区建设与老旧小区改造资金相联动、老旧小区生活服务设施与城市新区提升相联动、老旧小区改造资金的地方投入与国家财政金融支持相联动、城市政府与老旧小区改造行政主体职能相联动、地方传统与国际支持相联动、国际组织与地方文化交流相联动、百姓就业与老旧小区改造生活相联动八项联动原则[1]。伍江教授提出老旧小区改造需遵循符合城市发展规律的"有机更新"，在基本不改变城市原有空间结构、空间肌理和空间尺度的前提下，在符合大多数居民意愿的基础上，进行必要的改造，并提出需要政府政策引导、市场可控引入、居民充分参与、逐步渐进实施[2]。阳建强教授提出城镇老旧小区改造涉及城市社会、经济与物质环境诸多方面，应坚持以人为本，尊重居民自愿，遵循市场规律，保障公共利益，发挥集体智慧，加强社区治理，建立长效机制，推动改造的健康与可持续发展等[3]。老旧小区更新改造的核心问题在于实施机制，"谁来改？钱哪儿来？改什么？如何长效维护和管理？"等问题仍需要深入思考和探讨。

[1] 吴志强 . 老旧小区更新的六个基本问题 [J]. 城市规划学刊 ,2021(03)：1-10。
[2] 伍江 . 老旧小区改造应遵循城市有机更新规律 [J]. 城市规划学刊 ,2021(03)：1-10。
[3] 阳建强 . 积极推动城镇老旧小区改造的健康与可持续发展 [J]. 城市规划学刊 ,2021(03)：1-10。

第三节　城镇老旧小区改造与城市更新

党的十九届五中全会通过的《中共中央关于制定国民经济和社会发展第十四个五年规划和二〇三五年远景目标的建议》明确提出实施城市更新行动。这是以习近平同志为核心的党中央站在全面建设社会主义现代化国家、实现中华民族伟大复兴中国梦的战略高度，准确研判我国城市发展新形势，对进一步提升城市发展质量做出的重大决策部署，为"十四五"乃至今后一个时期做好城市建设工作指明了方向，明确了目标任务。城市更新不只是简单的旧城旧区改造，而是由大规模增量建设转为存量提质改造和增量结构调整并重。实施城市更新行动的内涵是推动城市结构优化、功能完善和品质提升，转变城市开发建设方式。城市更新包含四个方面[1]：一是经济的活力，重振城市的经济活动；二是生活的多样性，城市里生活的每个个体、群体之间差异性是非常大的；三是文化的昌盛，文化多样性才会带来文化繁荣；四是环境优化，随着人民群众需求的提高，原来的建成环境不再适应现在的功能需求、社会需求或审美需求，需要进行更新。城市更新是寻找和再生城市发展动力的过程。

住建部原部长王蒙徽在《实施城市更新行动》一文中提出实施城市更新行动的八项目标任务，其中就包含"加强城镇老旧小区改造"[2]。全面推进城镇老旧小区改造和社区服务提升，是实施城市更新行动的重点和突破口，是新型城镇化得以向纵深推进的必然途径，也是与基层治理最紧密相关的重要民生、民心工程[3]。居住社区是城市居民生活和城市治理的基本单元，是党和政府联系、服务人民群众的"最后一千米"，要以安全健康、设施完善、管理有序为目标，把居住社区建设成为满足人民群众日常生活需求的完整单元。提升居住社区建设质量、服务水平和管理能力，使人民群众生活得更方便、更舒心、更美好。

---

[1] 杨帆. 存量空间下看城市更新趋势 [J]. 中国房地产,2020(23)：10-12。
[2] 王蒙徽. 实施城市更新行动 [J]. 建筑机械,2020(12)：6-9。
[3] 郭唐勇. 以城镇老旧小区改造为重点实施城市更新行动 [N]. 重庆日报,2021-02-09(007)。

第四节　城镇老旧小区改造与城市高质量发展

落实城市更新行动、推进城镇老旧小区改造，是适应城市发展新形势、推动城市高质量发展的必然要求。当前，我国人口城镇化率超过 60%，已进入城镇化较快发展的中后期，处于由高速增长阶段转向高质量发展阶段的重要时期，社会结构、生产生活方式和治理体系正在发生重大变化，城市发展面临新的问题、挑战和全新机遇，正在由大规模增量建设转为存量提质改造和增量结构调整并重的城市发展新阶段，从"有没有"转向"好不好"。随着我国进入新的发展阶段，过去"大量建设，大量消耗，大量排放"的方式已难以为继，推进城镇老旧小区改造，从粗放型外延式发展转向集约型内涵式发展，将建设重点由房地产主导的增量建设，逐步转向以提升城市品质为主的存量提质改造，是尊重发展规律的必然选择。

住建部原副部长黄艳在《实施城市更新行动，推动城市高质量发展》一文中提到，城市更新的关键是转变城市开发建设方式，推动房地产为主的增量建设向品质提升为主的存量更新转变。更新改造必须要遵循城市发展规律，统筹发展和安全，坚持系统观念，把城市作为"有机生命体"，综合考虑城市的经济、生活、生态、安全需要，统筹谋划和系统推进各项更新工作，防范化解城市积蓄已久的风险和矛盾，全面提升城市发展质量和治理水平，让城市更健康、更安全、更宜居。此外，要把新发展理念贯穿城市更新的全过程和各方面，加快建设宜居、绿色、智慧、韧性、人文城市，解决好人民"急难愁盼"问题，让城市成为人民群众高质量生活的空间，成为承载人民美好生活的幸福家园。

过去经济高速增长过程中，城镇化快速推进，城市发展更多追求速度和规模，导致城市的整体性、系统性、宜居性、包容性不足，人居环境质量不高，逐渐暴露出短板和弱项，例如市政基础设施、基层公共服务设施缺口较多等问题，需要补齐短板并进一步提升品质。住宅作为存量大、占比高的一种建筑类型，老旧小区改造可以看作是城市高质量发展的一个"切口"，其更新改造成为其中至关重要的一部分。2020年 8 月，住建部、教育部等 13 部门联合印发《关于开展城市居住社区建设补短板行动的意见》，提出大力建设完整居住社区，解决居住社区存在的规模不合理、设施不完善、公共活动空间不足、物业管理覆盖面不高、管理机制不健全等突出问题和短板。实施城镇老旧小区改造，落实以人民为中心的发展思想，不断补足短板和弱项，提升城市质量，提升人民群众获得感、幸福感和安全感，满足人民日益增长的对美好生活向往的需求。

第五节　城镇老旧小区改造与适老化

2019 年的联合国《世界人口展望》报告认为，人口老龄化是现今人口发展的三大趋势之一。根据第七次人口普查结果显示，我国 60 岁及以上老龄化人口已达 2.64 亿人，国家相关政策文件高度重视为老服务能力建设，包括完善住区适老项目改造等。根据国家卫生健康委员会的统计数据显示，目前我国 90% 左右的老年人"居家养老"。针对老龄化趋势和居家养老需求，现有住区的状况却不容乐观，第四次中国城乡老年人生活状况调查显示，老年人对住房条件的满意度较低，58.7% 的城乡老年人认为住房存在"不适老"问题。在老旧住宅中，存在结构老旧、年久失修等问题，对于老年人来讲更存在不能应对空间灵活改变和适老产品的配置等为老服务硬件和软件的短缺问题。基于此，有专家学者提出"实现居家养老，应从城镇老旧住宅的适老化改造开始"[1]。

从国外发展经验来看，部分发达国家较早启动了老旧小区改造工作，率先形成了住宅适老化改造体系。例如美国在《老人法》中对老年住宅、福利设施和社区计划进行了部署，从 1970 年开始推行既有住宅适老化改造计划；日本 1986 年颁布了《长寿社会对策大纲》，基于居住环境体系提出了"适老终生生活设计"的基本原则，并在 1992 年制定、1995 年实施了《长寿社会对应住宅设计指南》，规定了无障碍化设计的具体标准，UR 都市机构建设了实验性住宅进行部品研发改良和设计方法优化；瑞典斯德哥尔摩老旧小区更新实现了外观与建筑空间改造，运用废旧材料实现功能重构，解决屋顶和排水设备老化等问题。

城镇老旧小区的现状已无法满足老年人基本居住生活需求，甚至存在影响老年人健康与生命的安全隐患，更加难以实现绿色可持续理念下对住宅全生命周期的保障。因此，城镇老旧小区改造尤其需要从健康、安全、方便、宜居的角度加以考虑，加强公共健康安全的基础设施建设，提高住宅的安全标准与性能，重点考虑和尊重老年人对交往、健身、娱乐等公共活动的强烈参与愿望，为老年人的生活以及社会活动提供适宜的居住、交往游憩等空间场所和环境，使城镇老旧小区的改造建立在可靠的现实和社会基础上。城镇老旧小区的适老化改造具有重要意义。

---

[1] 周静敏 . 建立老旧住宅适老化改造新型技术体系 [J]. 城市规划学刊 ,2021(03)：1-10。

第二章
政策机制

2020 年 7 月，国务院办公厅印发的《关于全面推进城镇老旧小区改造工作的指导意见》要求，到 2022 年基本形成城镇老旧小区改造制度框架、政策体系和工作机制，到"十四五"期末，结合各地实际，力争基本完成 2000 年底前建成的需改造城镇老旧小区改造任务。

各地贯彻落实党中央、国务院有关决策部署，大力推进城镇老旧小区改造工作。根据住建部统计，2019 年全国共有老旧小区近 16 万个，涉及居民超过 4 200 万户，建筑面积约为 40 亿平方米。2020 年实际新开工改造城镇老旧小区 3.97 万个，惠及居民 725 万户，在 2019 年的 1.9 万个老旧小区、约 352 万户居民的基础上，增加了一倍多。

2019 年 10 月 17 日，全国城镇老旧小区改造试点工作座谈会在北京召开。会上，浙江省、山东省、宁波市、青岛市、合肥市、福州市、长沙市、苏州市、宜昌市共"两省七市"被住建部列为新一轮全国城镇老旧小区改造试点省和试点城市。通过这些省市近年来的探索和经验总结，住建部围绕城镇老旧小区改造工作统筹协调、改造项目生成、改造资金由政府与居民合理共担、社会力量以市场化方式参与、金融机构以可持续方式支持、动员群众共建、改造项目推进、存量资源整合利用、小区长效管理这"九个机制"深化探索，形成了一批可复制可推广的机制。

第一节　城镇老旧小区改造工作统筹协调机制

一、建立统筹协调工作机制

各省、市建立了领导小组等城镇老旧小区改造工作机制，由政府主要负责同志任组长，统筹推进各项工作。

浙江省成立由政府各有关部门组成的城镇老旧小区改造工作领导小组，由省政府分管负责同志任组长。青岛、宁波、长沙、福州、苏州、宜昌等7个试点城市均成立了城镇老旧小区改造工作领导小组，由市长或市委书记任组长。其成员包括有关部门、区县主要负责同志；成员单位包括组织部、宣传部、政法委等党委组成部门，电力、通信等专营单位和金融机构分支机构。

宜昌市城镇老旧小区改造工作领导小组

第一组长	市委书记
组长	市委副书记、市政府市长
成员	市委副秘书长、市委办公室主任，市政府联系城建的副秘书长，市委组织部、市委宣传部、市委政法委、市委研究室、市信访局、市委督查室、市发展和改革委员会、市教育局、市公安局、市民政局、市财政局、市自然资源和规划局、市住房和城乡建设局、市文化和旅游局、市卫生健康委、市应急管理局、市审计局、市国资委、市市场监管局、市政府研究室、市城管委、市政务服务和大数据管理局主要负责人（主要负责人为市领导兼任的，由常务副职任成员），各县市区政府主要负责人，宜昌高新区管委会分管城建工作负责人
成员单位	组织部、宣传部、政法委等党委组成部门，电力、通信等专营单位和金融机构分支机构
领导小组下设办公室	市住房和城乡建设局局长兼任办公室主任

二、科学划分有关工作职责

多个城市科学划分市、区、街道及有关部门单位的职责，明确责任清单，实现职责明确、分级负责、协同联动，通过召开专题会议、定期通报、督导约谈、奖优罚劣等方式，加强激励约束，确保改造工作顺利推进。

青岛、宁波、苏州 3 市将改造任务完成、工作推进、资金筹措、共同缔造、长效管理等方面情况作为考核内容，对区县及各部门进行目标责任考核，市级财政对考核排名靠前的区县（市）给予资金奖励。合肥市建立工作通报制度，以工作进度、融资速度、推进力度等为重点，每月通报试点工作进展和改造情况。长沙市明确各参与部门分工，将老旧小区的改造工作按专项内容分配给不同机构，并定期组织沟通会，保证老旧小区改造工作顺利推进。

长沙市城镇老旧小区改造部门职责分工

参与部门	主要职责
城市人居环境局	牵头推进全市城镇老旧小区改造，负责老旧小区改造工作的组织、指导、协调和考核工作
财政局	负责老旧小区改造市级补助资金的预算、指导、监管等工作，负责统筹上级资金，依据计划和考评结果拨付资金
发展和改革委员会	负责指导各区县（市）发展和改革部门做好权限内老旧小区改造项目审批工作，负责老旧小区改造配套中央预算内投资计划申报及转发下达工作，负责协调督导老旧小区居民家庭餐厨油烟净化设施改造安装
自然资源和规划局	负责老旧小区改造规划设计的指导
住房和城乡建设局	负责指导、督促老旧小区实施专业化的物业管理、海绵城市建设、给水排水改造、加装电梯等工作
交通运输局	负责老旧小区周边公交线路的调整优化
城市管理和综合执法局	负责督促指导老旧小区违法建（构）筑物和违章广告的执法整治，负责市政管网、市容秩序的整治，指导做好天然气入户和管网改造，指导小区绿化建设等工作
工业和信息化局	负责督促通信企业对所属管线进行清理、规范及公用移动通信基站建设管理
公安局	负责指导小区交通微循环改造、监控系统建设并纳入"天网工程"
体育局	负责指导老旧小区健身设施、体育休闲场地的配建与完善，集中采购全民健身器材
公共停车设施项目办公室	负责指导小区公共停车设施的改造工作
供电公司	负责配合做好老旧小区电力管网改造、强电下地、小区路灯电源接入等工作
水业集团	负责配合做好老旧小区自来水管网改造和自来水入户改造，负责安装住户入户水表和接管运营改造后的供水设施
新奥燃气公司	负责老旧小区天然气入户和管网改造
电信公司、移动公司、联通公司、有线电视运营商	负责光纤等信息通信基础设施、广电网线设施的建设与管理

三、统筹相关部门政策及资源

　　各市梳理了相关部门政策、项目、资金等资源，用以与城镇老旧小区改造项目对接。结合改造完善社区综合服务站、卫生服务站、幼儿园、室外活动场地等设施，打通各部门为民服务的"最后一千米"。

　　宁波、长沙两市制订专门方案，住房和城乡建设、教育、公安、民政、水利、文化、体育等部门单位负责牵头雨污分流、海绵城市改造、污水零直排工程、加装电梯、垃圾分类、智慧安防、室外活动场地以及文化、健身设施等专项建设项目，统筹推进城镇老旧小区改造项目，要求规划、审批、设计、施工、交付五同步。宜昌等城市还积极协调，争取将可用于社区体育设施配置和养老、托幼设施建设的体彩、福彩资金等，用于城镇老旧小区改造。

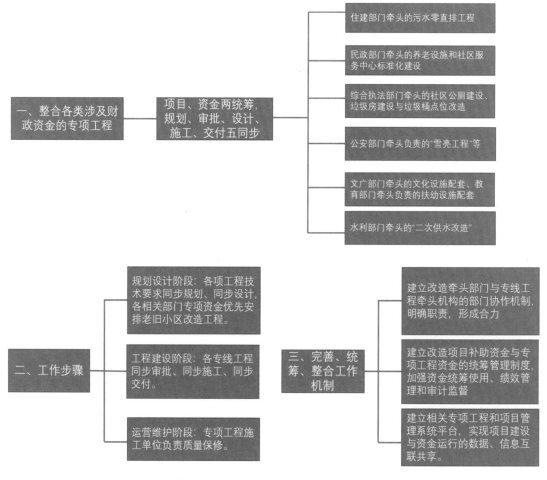

宁波市城镇老旧小区改造项目统筹整合各专项工程

四、建立专营单位协同推进的工作机制

电力、通信、供水、排水、供气、供热等相关经营单位调整完善各自专项改造规划，与城镇老旧小区改造年度计划衔接，协同推进城镇老旧小区改造。

宁波、苏州两市出台了关于城镇老旧小区管线整治改造工作的指导意见，明确各区、县要建立城镇老旧小区改造办公室、街道、专营单位组成的管线改造协调机制，共同编制项目设计方案、实施管线改建工程、做好施工衔接，避免各自为政、反复开挖。

宁波市同步推进管线整治改造工作项目及其内容

工作项目	工作内容
架空线缆梳理	明确线缆产权，合理利用现有杆路，拆除多余杆，鼓励弱电线缆共杆，原则上弱电不与强电共杆
箱盒规整	合理布局楼栋内外箱盒设施，标识清楚，适当美化
拆除废弃管线	禁止飞线入户，楼内贴边固定，整治同步增设电动车充电设施
有条件的实施管线入地	原架空线缆改为地下管道敷设，清理地上杆线。老旧小区符合5G通信基础设施规划的，可以依法依规建设5G基站
水电气"一户一表"	抄表到户，其中敷设、疏通排水管网由政府承担，楼内改造、增设水箱泵房等由管线单位承担
破损供排水管网更新	污水零直排，雨污分流
维修改造消防管线	完善消防栓使用功能。各项改造整治费用由相关管线运营单位负责，可委托同一单位施工，区县财政可适当给予补助

第二节　城镇老旧小区改造项目生成机制

一、做好摸底储备工作

各市对本地区城镇老旧小区进行重新摸底，摸清城镇老旧小区的数量、户数、楼栋数和建筑面积基本情况，并结合调查摸底情况，建立城镇老旧小区改造项目储备库。

苏州、长沙两市建立改造项目信息管理平台，在全面普查摸底基础上，初步建立储备项目库和启动项目库，根据改造项目实际情况，对项目库进行动态调整；宁波市建立了明确清晰地老旧小区普查、改造申报工作流程，建立改造名录，实时跟踪老旧小区改造工作进度。

宁波市老旧小区项目申报流程

阶段	责任主体	主要内容
第一阶段	县（市）、区分管部门	老旧小区普查 建设城镇老旧小区改造综合管理信息系统
第二阶段	县（市）、区分管部门	组织申报 组织专家打分、评估，初选入库名录
第三阶段	市级主管部门	审核确立老旧小区改造储备入库名录
第四阶段	县（市）、区分管部门	三分之二民意摸底确认 三分之一社会出资比例确认 确认启动老旧小区改造名录
第五阶段	县（市）、区分管部门	以一年为周期，动态更新入库名录

宁波市老旧小区项目生成机制评价表

序号	一级权重因子	一级权重	二级权重因子	二级权重	分值
1	小区基本属性	30%	周边位置	0.1	0 ~ 100
			产权权属	0.3	0 ~ 100
			建造年代	0.4	0 ~ 100
			小区配套	0.2	0 ~ 100
2	资金来源渠道	30%	政府出资比重	0.2	0 ~ 100
			企业出资比重	0.3	0 ~ 100
			居民出资比重	0.3	0 ~ 100
			金融机构出资	0.2	0 ~ 100
3	居民改造意愿	30%	居民改造意愿比例 90% 以上	0.4	0 ~ 100
			居民改造意愿比例 70% ~ 90%	0.3	0 ~ 100
			居民改造意愿比例 50% 及以下	0.2	0 ~ 100
			愿意开展"一块儿"来改造	0.1	0 ~ 100
4	其他加分因素	10%	存量房产	0.4	0 ~ 100
			存量土地	0.3	0 ~ 100
			党员比例	0.3	0 ~ 100

注：1. 采取百分制，对入选小区进行多因子评估打分，按小区分值排序确定实施先后顺序。

2. 每个权重因子按照好、中、差三个等级进行打分，其中好为 80~100 分，中为 60~80 分，差为 60 分以下。

3. 周边位置主要考虑区域位置处于老城区还是新城区，周边有无可供开发利用的存量资源；产权权属主要考虑土地获取方式和房屋产权清晰与否；建造年代按照实际建造年代区分，年代越早分值越高；小区配套按照现有设施完善程度进行分类梳理，反向打分；政府出资比重、企业出资比重、居民出资比重以及金融机构出资按照有无此类别以及实际出资比重按照好中差打分；居民改造意愿比例按照居民意愿的实际数值填写；存量房产、存量土地按照实际情况，用好、中、差三个等级打分，由于改造初期需提升群众积极性，因此需发挥党员们的模范带头作用，党员比例按照中共党员占小区人数比例实际数值填写。

4. 居民改造意愿中，居民改造意愿比例项为三选一，其余两项不得分。

二、明确改造对象范围

根据摸底情况，确定城镇老旧小区改造对象范围，重点将 2000 年前建成，配套设施欠账较多的房改房等非商品房小区纳入改造范围。

宁波、长沙两市将 2000 年以后建成、问题比较突出、群众改造意愿强烈的小区列入改造范围。合肥市允许将 2000 年以后建成的拆迁安置小区纳入改造范围。浙江省为推进美丽城镇建设，将范围扩大到建制镇。

三、编制改造规划和年度计划

编制城镇老旧小区改造规划和年度改造计划，区分轻重缓急，尊重群众意愿，切实评估论证财政承受能力，按照"既尽力而为，又量力而行"的原则，确定近期和中期改造任务，有序组织实施改造任务。

浙江省组织各市县根据当地财政承受能力，编制三年改造计划，确定 2020—2022 年全省改造计划。上海市结合"十四五"规划编制，研究 2021—2025 年城镇老旧小区改造任务。

四、建立激励先进机制

建立激励先进机制，同等条件下，优先对居民改造意愿强、参与积极性高的小区实施改造。

苏州市构建"居民申请、社区推荐、街道核准、县（市）区确定"的项目生成机制，综合小区老旧程度、配套设施建设情况、专家打分排序、居民意愿、出资比例等因素，确定年度计划。宜昌市按年度改造任务的 120% 编制项目清单，由社区入户调查，将居民出资意愿强、积极缴纳物业费、配合拆除违建的小区优先纳入计划。

第三节 建立改造资金政府与居民合理共担机制

一、完善资金分摊规则

结合拟改造项目的具体特点和改造内容明确出资机制，通过居民合理出资、政府给予支持、管线单位和原产权单位积极支持，合理确定改造资金共担机制，实现多渠道筹措改造资金。

原则上，基础类改造项目，即满足居民安全需要和基本生活需求的，政府应重点予以支持；完善类改造项目，即满足居民改善型生活需求和生活便利性需要的，政府适当给予支持；提升类改造项目，即丰富社会服务供给的，以市场化运作为主，政府重点在资源统筹使用等方面给予政策支持。

各地方政府根据本地实际，确定基础类、完善类、提升类改造项目，制定相应的出资机制和支持政策。以合肥市为例，基础类改造项目主要由政府出资，改造标准为每平方米住宅建筑面积不高于 300 元；对完善类改造项目，根据权属、功能以及与居民的紧密程度，确定居民出资比例，政府予以适当奖补；提升类改造项目以市场化运作为主，政府给予政策支持。以宜昌市为例，市级层面明确规定了不同改造类型的改造内容、改造标准，以及政府财政、居民出资的比例。小区红线外配套设施改造费用原则上由政府财政负责；小区范围内公共部分的改造费用由政府、原产权单位、居民等共同出资；建筑物本体的改造费用以居民出资为主，财政分类以奖代补 10% 或 20%。

二、落实居民出资

对照改造内容清单，逐项确定居民承担资金的比例及方式，并动员居民按分摊规则出资。探索动员、引导居民按规定出资参与改造的有效工作方法；明确居民出资参与改造，可采用直接出资、使用住宅专项维修资金、个人提取公积金、捐资捐物、投工投劳等多种方式。

合肥市明确居民承担水电气等入户改造费用，提升类改造项目每户按 10 元 / 平方米出资；允许居民通过使用或补交住宅专项维修资金、提取公积金等方式筹集改造资金。福州、长沙两市明确，居民合理让渡小区内闲置土地、公共用房等共有资源一定年限的使用权，由企业进行运营融资的，可视为居民出资。苏州常熟市甬江西路片区改造项目中，约 50% 的顶楼居民（151 户）出资 270 万元，选择实施"自选清单"内的屋面翻新改造，并委托片区改造项目施工队伍同步实施，既保证了施工质量，翻新费用也比市场价便宜一半。

三、政府给予资金补助支持

一是多渠道安排财政奖补资金。通过财政资金安排、土地出让收入等多渠道安排财政奖补资金。二是实现财政性资金统筹使用。统筹中央补助资金、地方各渠道财政性资金及有关部门各类涉及住宅小区的专项资金，用于城镇老旧小区改造，提高资金使用效率。

山东省级财政补助 8 亿元、浙江省级财政补助 2 亿元，用于全省年度改造项目。苏州市级财政对试点项目补助 1.5 亿元，对各县区另外安排 1 500 万元奖补资金。青岛市财政拿出 1.37 亿元补助 2020 年全市改造项目，其中 2 000 万元专门奖励试点项目。

四、引导管线专营企业出资参与改造

政府通过明确相关设施设备产权关系，给予以奖代补政策等，协调引导水电气等专营单位积极参与相关设施设备改造，承担社会责任，支持管线单位或国有专营企业对供水、供电、供暖、供气、通信等专业经营设施设备的改造提升。

合肥、宜昌两市明确表示公共管网设施改造费用由相关专营单位承担，政府给予适当补助。宁波市要求，相关专营单位与小区居民协商确定专营设施权属后，承担改造出资和后续维护管理责任。青岛市阿里山路小区试点项目，改造供电、供暖设施共投资 378 万元，其中，电力、供暖企业出资 127 万元，占比 33.6%。天津市滨海新区城镇老旧小区供水管网改造项目规模涉及 30 个老旧小区、1.28 万户居民，供水管网改造长度达到 55.4 千米，实施主体为天津龙达水务有限公司。

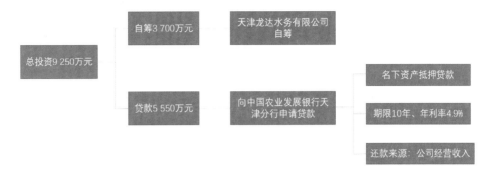

天津滨海新区城镇老旧小区供水管网改造资金构成

五、探索以政府债券方式融资

一是探索通过调整优化地方政府一般债券支出结构，调剂部分资金用于城镇老旧小区改造。二是探索通过发行地方政府专项债券筹措改造资金，要合理编制预期收益与融资平衡方案，因地制宜拓展偿债资金来源，鼓励国有企业等原产权单位结合"三供一业"改革，捐资捐物共同参与原职工住宅小区的改造提升工作。

各市严格按照地方政府专项债券发行要求，结合项目实际挖掘预期收益，测算偿债来源，论证财政承受能力。截至 2020 年 4 月，全国 98 个试点项目中，14 个项目拟通过发行地方政府专项债券筹集改造资金，还款来源主要为新增商业、养老、助餐、托幼、停车等经营性服务设施所产生的运营收益。

上海、合肥、宜昌 3 市明确在已下达无指定用途的一般债券限额内，优化调整地方政府一般债券支出结构，调剂部分资金用于城镇老旧小区改造，重点支持老旧小区存量大、财政较薄弱的城区。

以长沙城镇老旧小区改造试点政府专项债为例，项目涉及 6 个试点小区、3 551 户居民，实施主体为长沙市城市更新投资建设运营有限公司，总投资 4.2 亿元。其中通过中央及地方财政预算安排、管线单位出资、居民出资等渠道筹集 2.2 亿元；发行 15 年期限专项债 2 亿元，按年利息 4% 计，到期本息合计 3.04 亿元。项目收益 5.8 亿元，其中新增 1.47 万平方米商业等服务设施租金 4.94 亿元；对 25 万平方米住宅及商业设施实施物业管理，收费 6 741.54 万元；新增 503 个停车位，收费 2 180 万元。

第四节　探索社会力量以市场化方式参与机制

一、积极引入社会力量参与

采取政府采购、新增设施有偿使用、落实资产权益等方式，吸引专业机构、社会资本参与养老、抚幼、助餐、家政、保洁、便民市场、便利店、文体等服务设施的改造建设和运营。在改造中，对建设停车库（场）、加装电梯等有现金流的改造项目，鼓励运用市场化方式吸引社会力量参与。例如苏州市初步制定社会资本参与改造的实施办法，明确企业出资、企业提供服务、企业提供设备3类参与形式，并以项目收益、社会荣誉、政府补贴、税费减免等方式激励社会力量参与。

二、研究土地、规划、不动产登记等方面的支持政策

从土地、规划、不动产登记等方面创新支持市场化、可持续推进城镇老旧小区改造的政策。例如苏州市正在研究增设服务设施的支持政策，利用小区红线内及周边零星存量土地用于建设服务设施的，可不增收土地价款；改造利用闲置厂房、社区用房等建设服务设施的，可不增收土地年租金或土地收益差价，土地使用性质也可暂不变更；增设服务设施需要办理不动产登记的，不动产登记机构应积极予以办理。

第五节　探索金融机构以可持续方式支持机制

一、明确项目实施运营主体

积极培育城镇老旧小区改造规模化实施运营主体，为金融机构提供清晰明确的支持对象。选择现有企业或设立新企业，作为城镇老旧小区改造统一运营主体，为金融机构提供清晰明确的支持对象。例如长沙市组建城市更新投资建设运营有限公司，以市场化方式参与改造项目的建设和运营；上海、宜昌两市分别将各区房管集团和区城市发展集团作为改造项目实施运营主体。

二、探索引入金融支持

试点城市在不增加地方政府隐性债务，保持本地区房地产市场平稳健康发展的前提下，探索金融机构以可持续方式加大对城镇老旧小区改造的金融支持，积极与政策性银行、商业银行等对接，研讨金融支持改造的路径和方案。

宜昌市与建设银行、农业银行三峡分行签订战略协议，金融机构开发室内装修分期贷、加装电梯分期贷等金融产品，并给予贷款利率及期限等优惠。宁波、长沙、舟山3市将经营性资产注入改造项目实施运营主体，增强其财务实力，以改造项目经营收益和企业其他资产运营收益偿还贷款。

苏州市与国家开发银行、建设银行合作，对老旧小区改造中增设服务设施，并以后续运营收益为还款来源的项目，给予信贷支持，如昆山中华园片区试点，融资金额最高为项目总投资的70%，按总投3.68亿元计算，融资金额约为2.57亿元，融资期限为7~10年，融资主体为国资公司或其控制的子公司，融资用途为中华园小区改造项目建设。还款来源包括但不限于：①小区物业费收入；②改扩建停车场出售或出租收入；③广告牌收入；④财政专项补贴资金；⑤专项地方政府债券融资；⑥国资公司可统筹综合现金流。

第六节　建立健全动员群众共建机制

一、深入开展"共同缔造"活动

运用美好环境与幸福生活共同缔造理念和方法，把推进城镇老旧小区改造与加强基层党组织建设、社区治理体系建设有机结合，充分发挥基层党组织统领全局、协调各方的作用，推动构建"纵向到底、横向到边、协商共治"的社区治理体系。

宁波、合肥、苏州、宜昌4市在小区成立基层党组织以及业主委员会等居民自治组织，吸纳在职党员、离退休党员加入小区党组织，鼓励党员业主通过法定程序入选业委会；特别是宜昌市城区老旧小区实现党组织、业主委员会全覆盖。

二、搭建沟通议事平台

利用"互联网＋共建共治"等线上、线下手段，开展小区党组织引领的多种形式基层协商，在城镇老旧小区改造中搭建沟通议事平台。改造前问需于民，改造中问计于民，改造后问效于民，实现决策共谋、发展共建、建设共管、效果共评、成果共享。

宁波、长沙、东营3市开发网络沟通议事平台及业主投票决策信息系统，实现多项公共事项在线表决，包括成立业主委员会、确认改造方案、使用住宅专项维修资金、调查业主满意度、选聘解聘物业服务企业等。

山东省东营市搭建智慧物业管理平台，该系统提前审核、录入业主信息，对成立业主委员会、确定老旧小区改造方案、选解聘物业服务企业、动用住宅专项维修资金、业主满意度调查等不同类别的小区公共事务，实现居民在线表决。

三、推动专业力量进社区

积极推动设计师、工程师进社区，全程提供驻场服务，发挥专业人员业务专长和桥梁纽带作用，辅导居民有效参与改造，实现共建共享。

浙江省引导建筑科学设计研究院、建筑设计院分别成立老旧小区改造中心、城市更新发展中心，邀请设计院及大专院校专家参加，对改造项目跟踪指导。

宁波、宜昌两市组建设计师、工程师等志愿者队伍提供志愿服务，倾听收集居民意见，辅导居民参与项目改造方案制定、工程监督等，受到基层热烈欢迎。

四、充分发挥社会监督作用

充分发挥社会监督作用，畅通投诉举报渠道，组织做好工程验收移交。浙江、上海等省市畅通投诉举报渠道，动员居民积极参与工程质量监督及竣工验收。浙江省金华市成立以街道办事处、社区干部、居民代表为主力的工作专班，协调监督老旧小区改造实施。上海市通过"三会制度"（工程实施前征询会、工程实施中协调会、工程实施后评议会）、项目信息公开制度、市民监督员制度等，确保工程项目全过程接受居民、社会监督。

第七节　改造项目推进机制

一、明确改造工作流程及项目管理机制

　　明确城镇老旧小区改造的责任主体和实施主体。采取市级筹划指导、区级统筹负责、街道社区具体实施的项目推进机制，制定城镇老旧小区改造工作流程，明确项目管理机制和相应的责任制。

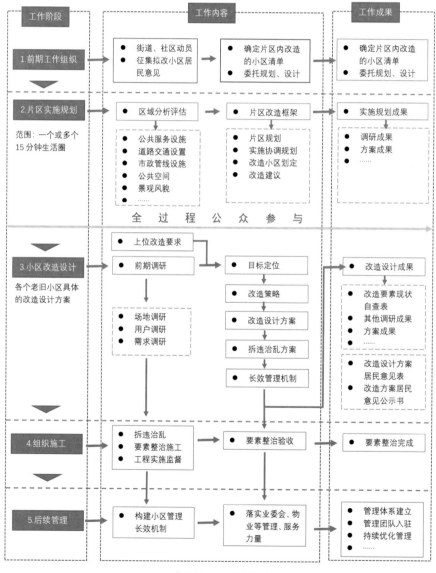

绍兴市老旧小区改造工作流程

山东省威海市专门将城镇老旧小区改造项目纳入基本建设程序，依法办理规划、设计、施工、质量监督、工程竣工档案移交等相关手续，并加强施工组织管理。

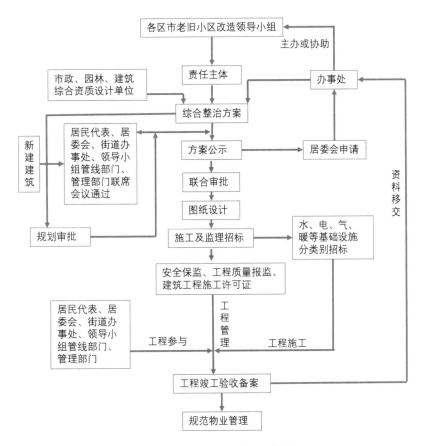

威海市老旧小区改造基本建设程序流程

二、项目审批流程

建立适应改造需要的项目审批制度和模式。结合工程建设项目审批制度改革，建立城镇老旧小区改造项目审批绿色通道。采取告知承诺、建立豁免清单、下放审批权限、实行清单制等方式，简化立项、财政评审、招标、消防、人防、施工等审批及竣工验收手续，加快老旧小区项目审批进度，有效提升审批效率。

宁波市拟出台《关于进一步简化宁波市城镇老旧小区改造项目审批流程和环节的实施意见（试行）》，进一步优化上述审批流程。压缩改造项目审批事项，保留了项目建议书、项目初步设计审批、建筑工程施工许可、建设工程档案验收、竣工验收备案，并建立绿色通道，将审批时间由"最多 100 天"压缩到 20 个工作日。

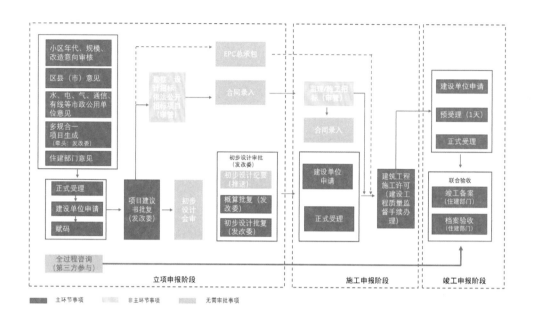

宁波市老旧小区改造项目审批流程

三、标准规范体系

根据当地经济、技术条件，研究编制适合本地区老旧小区改造的技术导则，健全适应改造需要的标准规范体系。通过综合运用物防、技防、人防等措施满足消防安全需要。通过应用新技术、新产品、新方法，优化完善有关建筑消防标准。在广泛征求群众意见基础上，对新建、改建基础设施和服务设施影响日照间距、占用绿地等公共空间的，因地制宜予以解决。

浙江、山东等地编制了技术导则、验收导则等，对基础类、完善类、提升类工程内容的设计、建设、验收，提出了目标和分项要求。合肥市编制老旧小区改造技术导则，涉及基础设施、公共设施、安防、技防、消防、建筑节能、适老化、方案实施和验收9个方面。宜昌市印发技术导则，明确雨污分流、弱电下地、垃圾分类、二次供水、适老化、消防通道等内容的改造标准及要求。

针对部分老旧小区内部建筑密度大，容积率高，难以满足增设配套服务设施需求的问题，山东省印发了《山东省深入推进城镇老旧小区改造实施方案》，明确对在小区内及周边新建、改扩建社区服务设施的，在不违反国家有关强制性规范、标准的前提下，可适当放宽建筑密度、容积率等技术指标。

第八节 建立存量资源整合利用机制

一、加强规划设计引导

合理拓展改造实施单元，推进相邻小区及周边地区联动改造，实现片区服务设施、公共空间共建共享。

浙江、宜昌等省市对小区及周边区域开展片区规划设计，为优化片区配套设施布局、推进配套设施落地提供保障。杭州市拱墅区德胜新村实施老旧小区联动成片改造，逐步健全小区及周边公共服务设施配套，打造片区 15 分钟生活圈。宜昌市按照"规划引领、专家领衔、部门配合、居民参与"的思路，启动了 4 个试点项目所在片区的规划方案编制工作。

二、支持存量资源整合利用政策

积极研究当地城镇老旧小区存量资源的类型、整合利用的模式、实施路径及有关支持政策等。外部存量资源整合分为腾笼换凤（现有用房直接改为老旧小区配套）、加快实施（存量资源原本就规划为公共服务设施配套）、优化更新（利用存量资源涉及规划土地调整）3 类。合理拓展改造实施单元，推进相邻小区及周边地区联动改造，实现片区服务设施、公共空间共建共享。

苏州市制定了城镇老旧小区改造存量资源整合利用机制，根据老旧小区内部及外部资源的不同，分别制定整合利用的实施路径及各类项目具体操作流程。其中，小区内部资源的使用，以征得利益相关人和 2/3 居民同意为前提，明确新增设施为全体业主所有，第三方企业可通过租赁的方式参与后期运营。

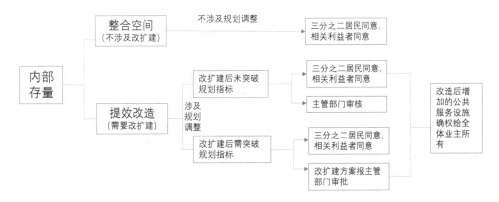

苏州市内部存量整合实施路径

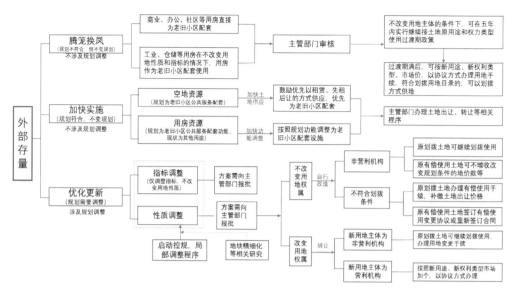

苏州市外部存量整合实施路径

三、统筹存量资源用于完善服务设施

推进既有用地集约混合利用。在征得居民同意前提下，利用小区及周边空地、荒地、闲置地、待改造用地及绿地等，新建或改扩建停车场（库）、加装电梯等各类配套设施、服务设施、活动场所等。

对各类公有房屋进行统筹使用。积极探索整合小区及周边社会资源，推进既有用地集约混合利用和各类公有房屋统筹使用，健全小区和社区养老、抚幼、助餐等公共服务设施，引导发展相关社区服务。利用社区综合服务中心、社区居委会办公场所、社区卫生站以及住宅楼底层商业用房等小区公有住房，改造利用小区内的闲置锅炉房、底层杂物房，增设养老、托幼、家政、便利店等服务设施。青岛、宁波等市通过改扩建现有房屋，利用小区内闲置土地，建设助餐食堂、老年人照料中心、托幼设施等服务设施。湖南省长沙市整合小区中拆除违法建设、临时建筑等所腾空的土地以及小区周边低效边角土地，用于完善社区公共服务设施。

康体街巷：
以休闲休憩为主，根据条件配置康体设施

商业街巷：
利用沿街底层人流量大的优势形成商业空间

文化街巷：
发掘历史文化，结合雕塑、展览、休憩功能的文化型街巷

长沙市整合腾空土地，完善公共服务设施

第九节　完善小区长效管理机制

一、建立多主体参与的小区管理联席会议机制

在城镇老旧小区改造中，同步建立小区党组织领导，居委会、业主委员会、物业管理公司等多主体参与的小区管理联席会议机制，协商确定小区管理模式、管理规约及居民议事规则，共同维护城镇老旧小区改造成果。

二、建立健全老旧小区房屋专项维修资金有关机制

建立健全老旧小区房屋专项维修资金归集、使用、续筹机制，提升小区自我更新能力，促进改造后的小区维护进入良性轨道。

第三章
实践案例

自 2019 年 10 月起，住建部会同中华人民共和国发展和改革委员会（以下简称"发改委"）、中华人民共和国财政部、中国人民银行、中国银行保险监督管理委员会等部门制定深化改革方案，组织山东、浙江两省和上海、青岛、宁波、合肥、福州、长沙、苏州、宜昌 8 个城市开展老旧小区改造深化试点工作，承担试点任务的两省 8 市围绕试点任务大胆探索，已形成一批可复制可推广的试点成果。另外，其他省市也涌现出很多值得借鉴的改造案例，在此一并收录。

第一节 济南实践案例

一、历城区幸福苑小区整治提升

1. 替群众想、入群众心、做群众满意事

幸福苑小区位于工业北路 205 号，于 2002 年建成投入使用，为多层建筑。建筑面积 6.5 万平方米，共有居民楼 12 栋，住有居民 665 户。小区自建设投入使用至今已有二十余年，由于当时规划设计和建设标准低，随着房屋使用时间的增加，存在着小区内道路不平、路灯不明和环境脏乱差、管线老化、绿化景观面积偏小、管理不到位等问题。为最大限度满足小区居民的改造意愿，全福街道力求施工方案跟着群众需求走、建设为群众着想、效果深入群众心，在项目设计方案之初，引导小区召开以楼长为代表的居民协商会，从征集居民意见到现场协调、监督，实行层层负责制，广泛听取吸纳小区居民的意见和建议，根据各小区的实际，逐一分析情况、梳理改造重点、确定改造内容，确定了以改善小区环境、完善配套设施、结合专营单位专项设施改造的小区改造方案。

2. 环境舒适化、生活便利化、幸福感提升

根据改造方案，幸福苑小区改造工作于 2020 年 10 月开工，开始组织实施老旧小区提升改造。全年共投入资金 600 余万元，完成路面硬化、绿化提升、墙面粉

刷、监控安装、新建车棚、整修居民健身活动场地等九大项整治内容，完成花砖铺装 1 300 平方米，杆线入地 1 400 米，绿化用地提升改造 3 100 平方米，道路修复 12 700 平方米，公共区域内外墙粉刷 24 000 平方米，新建非机动车棚 350 平方米，监控安装 46 处，透水砖停车位 400 平方米，更换路缘石 600 米，新建微型消防站 2 座，安装室外宣传栏 3 处，垃圾分类亭 5 座，制作文化墙 1 处。整修了小区出入口大门，提升了小区档次，配备人脸识别门禁系统，加强了居民生活安全系数；新建亭廊 2 处，提升居民活动场所 800 平方米，铺设园路 300 平方米；增设无障碍通道 2 处，大大方便了老年人出行。

幸福苑小区新建亭廊

3. 民生首抓紧、全员齐上阵、老旧改造入民心

全福街道成立以街道党工委书记为组长，相关科室、社区主要领导为成员的老旧小区整治改造工作领导小组，坚持把老旧小区提升工作作为提升环境、改善民生、为民办实事好事的民心工程抓紧抓好、做实做细。始终将工程质量和施工安全放在首位，一周召开一次安全生产会议，街道重点办要求各标段项目经理必须紧盯在施工现场，按标准施工。安排项目管理单位和监理单位对工程施工过程进行质量把控和安全管理，发现问题，立即要求其停工整改。同时，将居民义务监督员吸纳进指挥部，调动居民参与热情，随时接受监督，随时纠正问题。

幸福苑改造前后对比

4. 燃气入户快、生活品质高，多元统筹齐推进

为全面提升老旧小区居民生活品质，街道积极将老旧小区整治与专营单位专项设施改造工作充分结合。由于历史原因，小区内一直未做到燃气入户，居民自入住以来一直使用煤气罐，既不方便又存在较大的安全隐患，虽经多次协调，燃气入户工作仍无实质性进展。2019 年街道将幸福苑小区列入 2020 年度老旧小区改造后，街道、居委会、港华燃气多次召开协调会议，积极促成港华燃气完成小区燃气入户改造工作。在老旧小区整治过程中，先后协调小区居民投资 135 万元，在小区路面硬化前完成了燃气入户工作，入户率达 95%，极大提升了小区居民生活品质。

5. 建立长效机制、居民共同治理，幸福苑实现华丽转身

老旧小区普遍面临居民对物业管理需求积极性不高、物业服务费收缴困难，以及居民对公共设施、公共区域的维护意识不强等问题。为进一步完善老旧小区物业管理长效机制，强化对小区日常监督与考核，提高物业企业的服务能力和水平，街道充分发挥社区党支部、居委会、业主委员会作用，探索老旧小区自治模式，鼓励更多居民承担公共义务，逐步提高小区居民自我管理、自我服务能力；强化舆论宣传，积极引导居民转变观念、更新观念，自觉爱护公共设施设备，维护好整治后的小区环境和秩序，全面推进小区管理向制度化、长效化方向发展，真正为居民提供舒心、文明的美好家园。

街道坚持把老旧小区整治改造工作作为提升环境、改善民生、为民办实事好事的民心工程抓紧抓好，在整治改造过程中，从群众最关心、最亟待解决的难题入手，坚持高标准改造，高效能监管，通过老旧小区整治，让辖区内居民的生活环境面貌焕然一新，居民生活的幸福感和获得感也因此而得到了极大提升。

二、槐荫区世纪中华城一期改造

1. 项目基本情况

本项目为槐荫区世纪中华城一期老旧小区改造项目，位于槐荫区腊山北路东侧，刘长山路北侧，隶属槐荫区张庄路街道办事处。项目总建筑面积约 6.97 万平方米，住户约计 660 户，居住人口约 2 640 人。本片区改造内容包括基础类、完善类、提升类 3 部分。其中基础部分分为公共设施改造和专业设施改造。

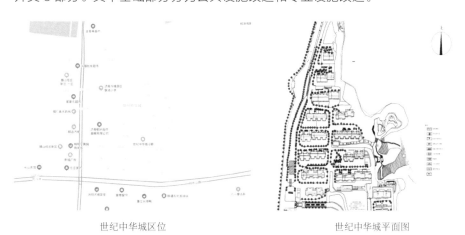

世纪中华城区位　　　　　　　　　　世纪中华城平面图

世纪中华城片区项目纳入山东省财政支持的老旧小区改造试点项目，改造分层推进，于 2020 年 8 月完成杆线入地、楼宇部分、公共部分施工招标投标工作。楼宇部分、公共部分 2020 年 9 月 1 日正式进场施工，2020 年 11 月 9 日完成楼宇部分、公共部分施工；杆线入地 2020 年 9 月 7 日正式进场施工，2020 年 11 月 5 日完成施工；广场及上山台阶改造于 2020 年 10 月 19 日正式进场施工，2020 年 12 月 19 日完成施工；路面及景观提升工程 2021 年 3 月 1 日正式进场施工，2021 年 7 月完成施工。

世纪中华城入口施工过程　　　　　　世纪中华城入口改造后效果

世纪中华城改造后效果   世纪中华城改造后垃圾分类点

2. 项目实施主要做法

1）改造内容方面

（1）完善基础设施

①对小区内破损的道路进行修复、翻建小区道路。使小区道路达到城市居住区道路建设规范标准，做到道路畅通，路面平整无坑洼，路牙整齐无缺损，符合无障碍通行要求。

②疏通、翻建地下管网。更换破损窨井盖，清理、整修、补建化粪池。实施雨污分流，保证排水通畅。

③改造自来水水表出户管网。水表未出户的要实行出户管网改造，确保自来水收费直收到户。

④修整、规范杆管线设施。完善和规范路灯、供电、供水、通信、邮政、广电、燃气、消防等杆管线及设施设备，要做到杆管线下地，统一高度和线路走向，杜绝乱拉乱接。

⑤新建、改扩建和整修公共非机动车（棚），尽量满足小区内居民非机动车停放需求，增设交通标志，划设机动车停放位置或停车位。

⑥更新、规范环卫设施。增设标准化垃圾桶，保障小区居民生活垃圾倾倒和堆放。

世纪中华城改造后管线   世纪中华城改造后自行车棚

（2）修缮改造房屋

①整治外观。对破损、陈旧、风化严重的房屋外墙进行防渗、粉刷处理，达到防漏、美观效果。整修、更换破损落水管道。

②整治楼道。清理楼道乱堆乱放、乱搭乱建，刷白楼道内墙，整修楼梯扶手、栏杆、楼道窗，修缮破损台阶，修缮、添置公共照明、邮政设施。

世纪中华城改造后外墙　　　　　　　　　　　楼道内墙刷白

（3）提升环境质量

①整治绿化。优化绿化布局，拆除占绿、毁绿的违章建筑物（构筑物），恢复绿化功能，尽可能提升绿化水平。

②配套休闲设施。维修改造原有休闲场地，配置健身器材等文体设施。

③规范文化宣传设施。在小区主要出入口设置小区平面示意图，方便群众了解小区总体布局；合理配置宣传栏、公示牌等设施，力求美观整洁。

新配置休闲设施　　　　　　　　　　　改造后的公共空间

（4）完善公建配套

①整治配套用房。进行活动室改造，方便社区居民参与使用。新建综合服务中心，更好地为小区业主服务，强化社区功能，抓好民生实事工程。对被占用或闲置的公建配套用房进行清理、清退和调整，恢复原有使用功能。

②规范设置公共服务设施。根据规范要求，结合小区规模，补建和完善社区服务、居民文化活动等公共服务设施。

（5）改造安防设施

①实行封闭管理。合理确定小区大门的位置和数量，设立门卫室、警务室、治安报警点。

②添置电子防护系统。对规模较大的小区出入口设置视频安防监控系统，根据小区规模设置视频监控节点、巡查装置、报警系统。对小区进行智能化设备改造，增加监控、门禁等系统，充分运用大数据、物联网、人工智能、5G等技术打造智慧型社区。

③各楼栋单元修缮、添置单元防盗门。

通过改造，使小区居民居住品质得到改善，社区治理体系趋向完善，增强小区居民幸福感，增加对政府工作的满意度。

2）群众工作方面

（1）决策共谋

由社区党组织牵头，把小区党员、群众发动起来，共同研究小区环境整治和小区管理中的重点难点。

（2）发展共建

广泛发动社区内党政机关、群团组织、社会组织、社区居民等，投入人力、物力，共同参与、共同建设。

（3）建设共管

引导居民增强主人翁意识，通过业委会、联席会议等形式主动参与社区管理。

（4）效果共评

建立健全居住小区综合评价机制，持续推动共同缔造活动不断向纵深发展。

（5）成果共享

通过发动居民共谋共建共管共评，营造美好的社区环境和融洽的社区氛围，实现政府治理、社会调节、居民自治的良性互动，实现共同缔造、成果共享。

3）资金筹措方面

多渠道筹集资金，保障工程推进。2020年区财政补助资金（含中央、省级、市级财政补助资金），按照全区改造户数、改造面积、投资额、区财政承受能力等因素切块分配、包干使用。全区严格按照《济南市老旧住宅小区整治改造和建立长效管理机制工作意见》（以下简称"《意见》"）及相关政策规定，配足配齐区配套资金，统筹使用财政补助资金。及早谋划小区配套设施、公共服务设施建设计划，积极争取老旧小区配套基础设施建设中央预算内投资。全区要严格按照中央、省、市、区相关资金管理办法，加强老旧小区各类改造资金的监管，确保专款专用。

4）推进机制方面

要确保整治改造工作的有序推进，离不开政策的保障和引领。从试点之初到今年，济南市先后制定了《关于老旧住宅小区整治改造和建立长效管理机制试点工作的意见》《意见》《2019年济南市老旧住宅小区整治改造工作考核细则》和《济南市老旧住宅小区整治提升实施方案》，以规范、指导整治改造工作，及时化解整治改造工作中暴露的各类问题，确保整治改造工作扎实有效推进。

小区完成整治改造，并不意味着工作就已结束。要确保整治改造成果得以长期维持和延续，建立一套行之有效的后期管理机制十分必要。在试点工作启动后，市住房保障和房产管理局（市城市更新局）就着眼于老旧小区整治改造后的长效管理问题，在多个政策文件中，明确由街道办事处具体负责小区综合管理工作，建立由街道办事处牵头的小区管委会和联席会议制度，负责小区具体事务管理工作，调节小区各类矛盾纠纷。同时，在各县区选择基础条件较好的街道或社区，择优引入骨干物业企业，为整治改造后的小区提供物业服务，由县区财政按每月0.3~0.4元/平方米的标准，对接管企业给予专项补助；条件不成熟的小区，则由社区居委会组织暂时实行准物业管理（保安、保洁），让群众住得起、住得好。

目前老旧小区整治改造实施对象限定于国有土地上的老旧小区，且倾向于没有实施物业管理的开放式小区或机关企事业单位宿舍（楼院）。下一步，除了继续推进国有土地上老旧小区整治改造外，济南市将通过完善政策，逐步扩大老旧小区的整治范围，让更多群众从这项惠民举措中受益。

在建立长效管理机制方面，市有关部门也将继续推进相关工作，以尽快建立城管（环卫）、城管执法、园林绿化、市政、房管、公安等部门的齐抓共管机制，完善业主委员会制度，积极引导业主开展社区自治。

5）后期管理方面

（1）建立小区业主自治机制

街道办事处、社区居委会组织业主成立业主委员会，因客观原因未能选举产生业主委员会的，由社区居委会所设的环境和物业管理委员会代行业主委员会职责。

（2）明确小区管理服务模式

选择专业化物业企业，由业主委员会根据业主意见确定小区的管理服务模式。

（3）工程查验接管

项目全部竣工后，基础类公共设施改造施工单位要在街道办事处组织下，与小区管理服务单位进行查验移交，明确公共设施改造工程的保修责任和保修期限。水电气暖、通信网络等专业设施的改造竣工后，由专业经营单位接管。其他专项设施按相关政策移交管理。相关档案资料由区住建部门统一组织存档。

（4）加强小区环境卫生管理

区市容环境卫生管理部门应当与责任单位签订保洁责任书，落实小区环境卫生责任主体，加强综合执法，建设无违建社区。

（5）建立党组织领导下的多方联动机制

街道办事处、社区党组织要牵头建立社区居委会、业主委员会、物业企业和相关单位共同参与的联席会议制度，建立联动巡查、分析及处置工作机制，定期召开会议，研究解决小区环境改造、公共设施改善等重大事项和物业服务管理中存在的问题。街道办事处、社区居委会要积极组织发动小区居民，有序参与小区事务的事前、事中、事后的监督管理。

（6）建设智慧社区

以应用需求为导向，加快5G网络建设，充分运用大数据、物联网、人工智能、5G等技术，以"党建引领＋社区服务"为核心，建设智慧社区。一是搭建党建宣传平台，第一时间宣传党的最新政策方针。二是搭建社情民意平台，及时受理并反馈居民诉求。三是搭建便民服务平台，实现购物、缴费、家政、养老等便捷服务。四是搭建智能安防平台，利用智能安防设施加强小区人员、车辆出入管控。

3. 项目可复制可推广经验

（1）征集民意

一是加强政策宣传，利用社区宣传栏、电子屏，大力宣传老旧小区改造政策，引导居民积极参与。二是根据《意见》的规定，拟定改造菜单、改造后物业管理方案、小区有关管理制度。三是由街道办事处牵头组织，社区居委会配合，发挥楼长、党员的作用，通过张贴、发放征求意见书，利用网络、微信等信息技术，广泛征集居民意见。四是统计汇总居民改造需求，并妥善做好相关业主的沟通交流工作。

（2）方案设计

一是根据居民需求，初步拟定小区计划改造的内容和项目清单。二是区政府确定的基础类公共设施改造实施主体（以下简称"基础类改造实施主体"），会同各专项改造实施主体，共同商定整体改造内容。三是开展方案设计，由区住建局选聘具有设计资质的专业单位汇总小区改造内容，进行小区改造总体方案初步设计。四是总体方案应在小区内公示，进一步征求居民意见，并留存影像资料。五是根据居民意见建议，修订完善总体方案，编制投资估算。

按照住建部、发改委联合印发的《关于推进全过程工程咨询服务发展的指导意见》的要求，积极推进项目全过程工程咨询服务，保证项目改造过程的协同性，减少碎片化管理。

（3）方案审批

一是各改造项目总体方案报区老旧小区改造领导小组（以下简称"领导小组"）会议会审，听取成员单位意见。二是根据区领导小组会审意见，修订完善项目总体方案，编制项目工程概算，报区住建、发改、财政、自然资源规划部门联合审查批准。三是办理老旧小区联合审批手续。

（4）依法招标采购

基础类改造实施主体由槐荫区住房和城乡建设局实施。水电气暖、通信网络、雨污分流、建筑节能、公共停车场、民生服务设施、智慧社区、充电桩等专项改造实施主体，由区老旧小区改造领导小组会同各专项改造实施主体实施。按照工程进度计划依法办理招标、采购手续。

（5）项目实施

一是基础类改造实施主体牵头编制项目施工组织总设计，明确各分项工程工序、工期。二是成立项目推进专班，由街道办事处牵头，各实施主体、社区居委会和居民代表参加，统筹各项工程推进，及时协调处理施工过程中出现的各类矛盾纠纷，确保改造工程实现"最小影响、最大理解、最快速度、最好质量"的目标。三是强化责任落实，严格落实参建各方的工程质量、安全管理、文明施工等责任，并将参建各方老旧小区改造工作情况纳入企业诚信体系，强化项目工程的全过程监管。

（6）竣工验收

工程竣工后，按《意见》要求，及时开展各项工程竣工验收，对验收不合格的限期整改，同时开展居民满意度调查。

三、市中区马鞍山路 52 号院改造

1. 项目基本情况

马鞍山路 52 号院位于英雄山路特色街区马鞍山路沿线，由市园林局、省邮电等 4 家单位住宅楼组成，拟改造 7 栋住宅楼，建筑面积 2.75 万平方米，居民 234 户。项目四至：马鞍山路以南—新世界商城对面—英雄山文化市场北路以南—新世界商城对面—英雄山文化市场北。

树木杂乱、绿地损坏

公共空间杂乱及单元入口陈旧

污水管道陈旧

马鞍山路 52 号院改造前面临的问题

2. 实施主体

成立领导小组：由区政府统筹实施，成立区老旧小区改造领导小组，区住建局作为牵头部门，统筹各职能部门，形成工作合力，共同推动项目建设。

建立工作机制：建立健全政府统筹、条块协作、各部门齐抓共管的专门工作机制。

明确责任分工：制定印发了老旧小区改造实施方案，明确了各部门责任分工，按照职责分工密切配合，层层压实责任，推动工作落实。

实施主体：基础类公共设施改造由区住建局实施。水电气暖、通信网络、雨污分流、建筑节能、公共停车场、民生服务设施、智慧社区、充电桩等专项改造由各专营部门实施。

3. 改造方式

改造项目采用政府引导多元化投入改造模式。由政府引导，出资负责基础类公共设施改造，通过居民出资、政府补助、各类涉及小区资金整合、专营单位和原产权单位出资等渠道统筹政策资源，筹集改造资金。

4. 改造内容及效果

改造内容包括楼本体、室外绿化、室外安装、室外综合管网以及室外道路五部分工程。其中，楼本体工程包含楼道粉刷、楼梯扶手刷漆、楼梯间外窗、楼宇单元门、管道包封、楼道照明、楼体零星工程；室外绿化工程包含裸露土地绿化、乔木栽种、大树修剪；室外安装工程包含太阳能路灯安装工程和监控安装工程；室外综合管网工程包含干线落地工程（弱电地埋）和雨污分流改造；室外道路工程包含路面沥青工程，植草砖、透水砖铺设及路缘石安装工程，新建自行车棚工程，道闸系统安装工程，健身设施安装工程，院墙真石漆工程、室外零星工程以及场地清理、完善、优化。

改造内容

改造后绿化效果

改造后道路效果

改造后楼本体效果

雨污分流改造施工

5. 资金投入及资金组成

资金组成

序号	单位工程名称	金额（元）	规费（元）	税金（元）	占造价比例（%）
1	楼本体工程	593 556.85	32030.09	48 969.15	32.79
2	室外道路工程	879 071.89	58 524.88	72 580.2	48.56
3	室外安装工程	81 345	4 937.61	6 716.56	4.49
4	室外绿化工程	43188.72	2 074.54	3566.04	2.39
5	室外综合管网工程	213 104.6	14 188.33	17 595.79	11.77
—	合计	1810 267.06	—	149 427.74	100

6. 改造亮点及经验做法

改造亮点一：建立长效管理机制。一是有政府相关政策支持，二是有相关职能部门及基层组织的协调，三是物业服务企业的及时介入。物业服务企业是最全面贴近百姓居民的基层运营单位，成熟的物业服务已经建立起专业高效的人才体系、服务标准和完善的服务设施等全过程服务体系，物业服务平台接入老旧小区改造后续管理将具有事半功倍的效果，发挥出长效管理的优势。

改造亮点二：遵循为民服务的物业介入原则。一是重视与业主、业委会的深入沟通，只有业主认识到物业服务的重要性，物业服务的开展才能持久，通过业委会、社区民情议事会、宣传引导等多途径，促使广大业主愿意接纳物业服务企业入驻。二是公示物业服务内容，交一份明白账。三是提供长期稳定的成熟服务：公共场所、绿地、房屋共用部位的清洁卫生，垃圾的收集、清运等；公用草坪、枯枝的定期修剪、养护，定期清除绿地杂草、杂物；公共秩序维护管理包括值班、巡逻、门岗执勤等；对园区车辆停放提供有效的管理；房屋建筑共用部位的养护和管理，包括房屋承重结构部位、走廊通道等；房屋共用设施、设备的养护、运行和管理，包括共用的公共照明、上下水管道等；配套共用设施和附属建筑物、构筑物的养护和管理，包括道路、路面、井盖等；对园区不文明的违规行为及时劝阻、劝告、制止；物业管理区域内对业主装修期间加强管理；每月开展便民服务活动，为业主免费提供便民服务等活动；老旧小区改造期间，组织志愿服务为业主答疑解惑。

经验做法：改造的同时引入物业管理服务。结合小区情况，综合考虑街道、产权单位等多方建议，充分发挥基层党组织引领作用，采用入户调查、走访、座谈等交流方式，充分征求居民意见。在前期征求民意阶段，组织业主通过筛选比较，确定引入绿地泉物业管理公司。实现由政府主导、居民自治、社会力量协同的社区综合管理和服务体系，共同维护老旧小区改造成果。

马鞍山路 52 号院改造过程中基层党组织充分发挥作用

四、市中区王官庄八区改造

1. 项目基本情况

王官庄八区位于济微路以西，机床一厂西路以北，由 16 家单位投资兴建的 20 座职工宿舍楼组成。2020 年计划改造建筑面积 7.3 万平方米，涉及住宅楼 20 栋，居民 917 户。这是 2020 年山东省财政支持的"4+N"改造融资模式试点任务。

王官庄八区改造方案

王官庄八区改造后入口

2. 实施主体

改造由区政府为主体统筹实施，成立区老旧小区改造领导小组，下设领导小组办公室，市中区住建局作为牵头单位，统筹各部门职能，举全区之力统筹实施。制定印发了老旧小区改造实施方案，明确各部门工作职责，形成多部门工作合力，共同推进项目建设。

王官庄八区改造项目属于政府投资基础类公共设施改造，通过工程建设招标方式引入社会资本参与改造并负责小区后期管理及新建民生设施的投资、建设、运营。

3. 改造方式

王官庄八区改造项目通过新增设施有偿使用、落实资产权益等方式，创新"4+N"改造模式：以建设工程招标方式引入山东泉景建设集团有限公司参与，将政府投资基础类公共设施改造与企业投资提升类新建配套民生服务设施及后期物业管理及运营相结合，运营期限为 26 年，运营期满后将项目全部资产完好移交给政府或其指定机构；以项目未来产生收益弥补小区改造支出，实现资金平衡。

4. 改造内容及效果

改造内容分为基础类改造、完善类改造和提升类改造。其中基础类包括小区大门设计重建、合理增加门禁道闸系统，小区内现状道路路面局部修复或铺设、照明设施局部维修或更换、合理完善监控系统等；完善类包含新增换热站，居民楼增加外墙保温、重做楼顶防水、更换落水管，小区内合理增加或维修宣传栏设施、合理增加或维修可充电非机动车棚、增设体育健身设施等；提升类包含新增综合服务中心、推进智慧社区。

王官庄八区改造内容

序号	改造类别	改造内容
1	基础类	小区大门设计重建，合理增加门禁道闸系统
2		小区内现状道路路面局部修复或铺设
3		小区内照明设施局部维修或更换
4		小区内合理完善监控系统
5		小区内垃圾收集合理布点，增设智能垃圾分类设施
7		小区内雨污水管道局部修复疏通，合理更换残旧井盖
9		小区内弱电杆线合理落地
10		小区内局部绿化补植或修建
11		小区内统一配置消防设置，并增设微型消防站
12		楼道内墙面局部清理粉刷，统换楼道窗户和楼道灯
14		仓房外立面统一清理粉刷
15		仓房电路线路接入二楼配电箱
13	完善类	新增换热站
16		居民楼增加外墙保温，重做楼顶防水，更换落水管
6		小区内合理增加或维修宣传栏设施
8		小区内合理增加或维修可充电非机动车棚
9		增设体育健身设施
10		完善公共活动场地
11		增设无障碍设施，进行适老化改造
12	提升类	新增综合服务中心
13		推进智慧社区

楼道粉刷前

楼道粉刷后

单元门安装前

单元门安装后

广场铺装前

广场铺装后

公共活动场地改造及健身器材更换前

公共活动场地改造及健身器材更换后

主路拓宽前

主路拓宽后

5. 资金投入及资金组成

项目资金包括中央、省、市、区补助资金，吸纳的专营单位、企业、居民等社会化投资，共计投入约 5 000 万元。基础类公共设施改造投资约 3 000 万元，其中，新建服务用房投资约 800 万元，通过建筑市场工程建设招标方式，引入社会资本参与投资、建设和运营。专业设施改造投资约 2 000 万元，专业设施改造由专营单位投资建设。通过引导企业和居民投资，实现了近 30 年来 520 户居民首次集中供热的目标。

王官庄八区改造资金组成

序号	类别	金额（万元）
1	基础类改造	2634.68
2	平改坡	14.83
3	建筑节能	1027.48
4	供暖改造	376.26
5	供暖居民出资	468.00
6	维修资金	19.11
7	规模化实施运营主体投资	800.00
一	合计	5358.35

6. 改造亮点及经验做法

积极探索创新"4+N"改造模式，利用小区内现有存量土地资源，运用市场化方式吸引社会资本在有条件的老旧小区内新建、改扩建用于公共服务的设施，引导发展社区养老、托幼、助餐、保洁等服务，盘活提升老旧小区公共服务品质。

拟全方位改造小区破旧设施，提升小区环境，增设养老、换热站服务设施等，同时加强老旧小区综合管理，积极引入自有产业，探索推广"党建 + 文化 + 社区康养"服务品牌，发展社区服务新业态，构建一体化运营机制。

新增社区图书室　　　　　　　　　　　新增餐厅

新建健康驿站　　　　　　　　　　　　新建无障碍坡道

新建社区门诊

新建自行车棚　　　　　　　　　　　　新建换热站

第二节 青岛实践案例

青岛市自 2019 年 9 月成为全国城镇老旧小区改造试点城市以来，把试点任务作为一项政治任务，举全市之力加快推进，取得一些阶段性成果，综述如下。

1. 始终坚持一个理念

青岛市坚持把"共同缔造"理念贯穿落实在工作全过程各方面，按照以民为本、政府主导、多元共治原则，坚持政府、企业、居民、社会共同参与，一体改造提升老旧小区设施、功能、环境，努力实现共谋、共建、共治、共享，加快建设宜居整洁、安全绿色、设施完善、服务便民、和谐共享的"美好住区"，切实提升群众居住环境和品质。

2. 紧紧围绕两个重点

将老旧小区改造作为补短板、强弱项、惠民生的重要载体，培育成为带动投资消费增量、拉动经济增长的新动能。

一是围绕"提升居住条件"，做好"惠民生"文章。按照基础、完善、提升三大分类，对老旧小区和周边区域的改造内容进行丰富和提升。试点项目在完善基础类改造的基础上，增加了社区和物业用房、电梯、停车场、海绵城市、文化体育、无障碍设施、社区养老、托幼、助餐食堂、商业设施以及智慧社区系统等完善类、提升类内容。预估改造后房价每平方米可增加 1 000~2 000 元。

二是围绕"拓展市场内需"，做好"稳投资"文章。根据估算，青岛老旧小区改造试点平均投入资金为每平方米 600 元，加上材料费、人工费的上涨，以及其他一些加项等因素，预计投资强度还会更高。同时老旧小区改造关联到智慧社区、停车场、5G 等建设，"十四五"期间改造投资额度预计达到 200 亿元以上，平均每年可以拉动青岛 40 亿元左右的投资。通过吸引社会资本参与养老、助残、托幼以及各类商业设施的建设，拉动内需投资，"十四五"期间预计带动企业和居民投资 50 亿元。充分发挥青岛企业优势，鼓励本土企业以最优惠的价格支持居民更新家电、门窗，借老旧小区改造契机带动家具、家电、装修更新消费；鼓励企业为具备条件的项目免费加装充电桩，带动新能源汽车消费。

3. 抓紧抓实三大关键要素

始终坚持问题导向、目标导向和结果导向，抓紧抓实"人、钱、政策"三大关键要素。

一是抓实"人"这一根本，把好组织实施"方向盘"。坚持顶格协调、顶格推进，市级抓统筹，区级抓推进，压紧压实区（市）政府主体责任和区（市）长"第一责任人"责任，健全组织领导、指挥协调体制机制，科学编制改造规划和年度计划，明确路线图、任务书、责任状，推动形成齐抓共管、协同推进的工作格局。实行"一小区一方案一小组"，让大家的事大家商量着办，切实提升群众参与度、支持度，避免"政府干、群众看"，确保把实事办好、好事办实。

二是抓实"钱"这一关键，激活资金投入"动力源"。在中央和市财政补助、区（市）财政兜底的同时，通过发行专项债券、土地收益补亏解决财政资金不足问题；社会资本、产权单位、专营单位、金融机构深度参与，积极争取政策性银行贷款。对于垃圾分类、停车场等能够形成现金流的项目，引导企业投资；在电力和供水一户一表改造、供热和燃气设施改造等方面，引导居民合理出资、共担成本，实现多渠道融资。

三是抓实"政策"这一保障，打造激励引导"助推器"。坚持政策引导、制度规范，围绕建立九大机制的试点任务，先后出台《青岛市城镇老旧小区改造技术导则（试行）》《青岛市市级城镇保障性安居工程专项资金管理办法》《关于城镇老旧小区改造提取住房公积金有关事项的通知》和《关于做好金融支持全市城镇老旧小区改造工作的通知》。印发了《青岛市城镇老旧小区改造专家及专家库管理办法》，415 名专家入选专家库。下一步还将坚持问题导向，研究出台推进协同改造等措施、办法。

一、李沧区翠湖小区改造

1. 社会力量以市场化方式参与机制

1）小黄狗环保科技有限公司参与翠湖小区垃圾分类改造

为进一步推进垃圾分类工作，李沧区引入社会投资主体小黄狗环保科技有限公司，该公司在翠湖小区内设置"小黄狗人工智能垃圾分类回收终端机"3 台。每台设备落地投入运营费用平均约 8.5 万元，包括机体费用、运输安装费用、垃圾分类宣导活动与礼品物料费用、电费等。

企业收益由三种方式变现：一是通过回收垃圾分类利用进行资源价值变现，二是箱体智能屏幕进行全方位广告投放，三是居民售卖可回收垃圾的收益可在小黄狗线上商城进行消费，回收投资收益。

2. 建立健全动员群众共建机制

1）翠湖小区项目发挥议事平台作用，保障居民知情权

为配合翠湖小区海绵工程改造，社区两委在楼山街道党工委、办事处的领导下，专门成立了工程领导小组，组长由党工委书记或办事处主任亲自担任，副组长由两委成员担任，各支部书记兼任成员。同时成立了由分管副主任任组长、社区议事会成员为组员的工程协调小组。社区党委多次召开居民动员大会，利用宣传栏、橱窗、展板、LED 大屏幕和致居民的一封公开信等形式，广泛宣传海绵工程给居民带来的好处，让居民共同参与，共建共享。

工程协调小组的主要职责：一是做好海绵工程改造前社区居民的宣传动员工作，组织动员楼长、单元长入户发放、张贴各种宣传材料 4 次；二是协调居民拆除私搭乱建、私栽乱种的前期动员工作，其间，动员居民自行拆除违章建筑、私搭乱建 30 余处，乱栽乱种 200 余处，清除各种私栽果树 1 500 余棵；三是积极协调完善改造细节，在不违背海绵工程改造理念的基础上，结合社区的特殊地理、地貌进行合理完善，既符合了海绵工程理念，又尊重了民意，居民满意率高达 95% 以上。

2）党组织在老旧小区改造中当好协调沟通"联络员"

翠湖小区改造项目中，翠湖社区两委以海绵工程建设为契机，利用自身资源并协调其他相关部门对社区的部分基础设施及服务设施进行了改造和完善。

翠湖小区移除乱栽乱种（1）　　　　　　　　翠湖小区移除乱栽乱种（2）

一是自行投资建设党建服务岗，成立了以党员骨干力量为主的志愿者服务队伍，充分发挥基层党员的先锋模范作用，为民办实事、解难题，发挥社区居民建家园、爱家园的积极性。具体做法为：以一名党委委员为主要负责人，组织 24 名社区退休党员骨干力量实行轮岗制，每天安排 4 名人员坐岗值班，建立台账记录每天居民反映的问题，及时地上报给社区党委和相关部门，能当天处理的尽量当天解决，不能解决的予以备案。

党员志愿者参与社区活动　　　　　　　　党员志愿者坐岗值班

二是自行投资建设老兵服务岗，组织成立了 35 人的社区退役老兵应急分队，在社区管理、重大事件维稳中起到了一定的作用。具体做法为：以社区退伍老兵为班底，成立社区老兵应急分队，队长、副队长各一名，下设 2 个排、6 个班，建立健全各项规章制度，积极参与社区的一切公益性活动，协助社区物业、保安维持治安，制止私搭乱建，参与处理车辆出入、行使、停放等事项，在维护社区稳定，保障居民生命财产安全等方面，做出了积极贡献。

老兵服务岗　　　　　　　　　　　　退役老兵应急分队参与社区整治

三是实行社区网格化管理。社区党委将社区划分为 15 个网格，网格长由社区支部书记担任，网格成员以党员、楼长为班底，实施系统化管理。主要工作职责为协助社区党委、居委会的工作，传达实施上级和社区的相关指示精神，带动社区居民参与社区建设和管理。

四是协调社会公益团体单位。在社区的醒目位置设立小黄狗垃圾分类箱、饮水机、老旧衣物回收柜等设施，服务于民、方便于民；协调移动、联通、电信、有线电视等公司，将裸露在外的网线归拢入线槽，既排除了安全隐患又整齐美观，得到了居民的一致好评。

3. 存量资源整合利用机制

翠湖小区建成年代较早，随着社会发展，楼院车辆逐渐增加，停车位不足现象日益严重。通过楼院改造，虽然解决了部分停车难的问题，但仍不能满足居民的停车需要。

为进一步缓解停车难问题，北京建工集团有限责任公司在与翠湖小区邻近的、靠近坊子街山西侧的地块实施停车场建设。该地块原为荒地，实施荒地整理后增设停车位 198 个，极大缓解了翠湖小区停车难问题。

整治前小区外部荒地　　　　　　　　　　　　　　　增设停车场

4. 小区长效管理机制

翠湖小区改造后，如何管理、维护，是社区后续工作的重中之重。为此，翠湖社区全面细化物业的服务内容，提高服务水平，提升服务标准，并专门成立了以社区德高望重的老同志为成员的社区议事会，主要协助社区两委的工作，评议和审议社区的一些相关工作，负责监督物业的日常工作，向社区两委收集、反馈居民的建议、诉求，建立健全楼长、单元长制，形成长效机制，巩固改造效果。

社区公益活动　　　　　　　　　　　　　　社区议事会

通过社区议事会形成长效管理机制

二、城阳区城阳街道东果园小区改造

城阳区城阳街道东果园小区 2019 年被确定为全国老旧小区改造试点项目后，秉承"共同缔造"理念，按照城阳区"先民生、后提升，先急需、后改善"的改造原则，结合小区实际，确定了包含小区市政配套设施、小区环境、节能、公共服务设施等改造内容，改造后小区面貌发生质变，居民群众生活环境得到大幅改善，群众满意度和幸福指数得以全面提升。

1. 基本情况

东果园小区改造试点项目位于城阳区华城路以东、崇阳路以北、康城路以西、和阳路以南，总建筑面积约 8 万平方米，30 栋楼，96 个单元，总户数 1 090 户。试点项目改造内容主要包括外墙保温、屋面防水、安装单元门、楼道粉刷（含楼道扶梯刷漆）、幼儿园改造、居民健身广场改造等基础设施建设。

2. 主要经验和做法

1）实施党建引领，破解推进难题

老旧小区改造面临难题多、涉及居民多，必须协调各方力量，充分调动广大居民参与的积极性和主动性，实现全员参与、全民共建。城阳街道充分发挥东果园社区党支部核心引领作用，坚持党员带头、党建引领，针对辖区党员特点和居民需求统筹协调，通过建立"社区党支部—片区党小组—党员中心户"党建网格，推行共驻共建、帮办服务、规范社区党群服务中心建设等，有效提高了社区党组织动员社会、整合资源、服务民生、融合发展的能力，得到辖区内机关企事业单位、非公有制经济组织和社会组织党组织的支持。同时，健全的党建网格体系为推进群众工作、开展征求意见等提供了有力的保障。2019—2020年，社区党支部多次通过召开党员代表会、社区议事会、网格走访等方式进行调研，为顺利推进小区整治改造奠定了良好基础。

2）坚持需求导向，优化改造内容

老旧小区改造是民心工程，也是民生工程，街道在推进东果园小区改造的过程中，坚持需求导向，注重征求群众意见，并把社区及居民群众最关注、最迫切的事情作为首要问题优先解决，结合小区实际，确定改造重点，切实改善小区居住环境和宜居品质。突出文化生活需求，实施幼儿园改造和小区广场改造，切实减缓和消除居民幼儿托管难和居民户外活动难；突出节能环保需求，实施外墙保温和屋面防水改造，提高房屋居住舒适度的同时，有效防止居民楼顶、墙面漏雨渗水；突出安保需求，实施单元门安装工程，提高楼道安全性；突出环境整治需求，实施楼道内粉刷、楼体扶手刷漆、墙面粉刷工程，让楼体焕然一新。同时，在改造中引进"海绵城市"理念，并注重同步打造"智慧小区、垃圾分类时尚小区"，安装智能充电桩、智能垃圾分类装置等。

3）创新改造模式，确保长效管理

针对老旧小区改造和后期管理存在脱钩问题，街道按照"谁管理，谁改造"的原则，将老旧小区的改造委托给托管社区或引进的品牌物业实施，推进社区或物业深度参与，确保改造质量和改造成效。在改造时，让社区或物业公司从征求意见、研究讨论、实施整治、检查验收等各个环节深度参与，站在管理的角度，以管理的眼光审视整治改造，提问题、补漏洞，确保整治质量过关、效果最优。在接管时，督促社区或物业与施工单位对相关项目逐一检查验收，签订管理责任移交书，明确质保期内外施工方和管理方的权责，确保责任明确清晰。在后期管理时，严格落实社区或品牌物业的管理服务职责，提升小区管理服务品质。对社区和品牌物业托管的老旧小区，研究制定相应的激励政策和考核办法，用3年时间，促进小区物业达到收支平衡，进入良性循环，实现从"输血"到"造血"的转变。

南广场改造前

南广场改造后

北广场改造前

北广场改造后

幼儿园改造前

幼儿园改造后

道路改造中

道路改造后

楼房改造前

楼房改造后

三、顺德花园小区改造

1. 项目基本情况

顺德花园老旧小区改造项目位于胶州市中云街道办事处杭州路，该小区建于 2002 年，共 14 栋楼 60 个单元，建筑面积 6.8 万平方米，总户数 644 户。

顺德花园鸟瞰

主要改造内容：加装电梯，拆除防盗窗安装内置金刚网防护窗，改扩建社区服务中心，打造智慧社区平台，增设助餐、便利店、在线医疗等服务，道路整修，绿化补植，综合管线改造，增设智慧安防系统；空调室外机规整并加装格栅；改造树阵式停车位，智能垃圾分类，增设外墙保温、涂料粉刷，新增电动车充电桩等。

大门改造前

大门改造后

外墙保温整改前

外墙保温整改后

2. 项目实施主要做法

1）改造内容

转变做法，分类推进，统筹联动，用"绣花"功夫改出老旧小区幸福感。

老旧小区改造，既要做好"面子"工程，更要做实"里子"工程。胶州市坚持因地制宜、因情施策、分类推进，深入开展老旧小区"微治理"行动，紧紧盯住人民群众最关注的需求、最吐槽的难点，将"好钢用在刀刃上"，重点突破，用"绣花"功夫将改善民生的举措一项项落实，真正做到好事办好、实事办实，让老旧小区实现硬设施软服务双提升。

一是推进基础类改造，扮靓老旧小区"面子"。老旧小区改造是一项推动城市更新的系统工程。小区内部的基础设施升级改造，须与外围的大市政系统接驳，倒逼城市基础设施的集约整合和优化更新，进而促进现代化新型城市的建设。胶州市坚持以满足居民的安全需要和基本生活需求的内容为基础点，按照"地上地下一起抓，区里区外一起动"的原则，强化小区改造与市政工程有机结合、系统衔接、统筹推进，整合改造内容，创新改造方式，部署实施"一拆、二清、三改"等系列工程，统筹推进管网改造、线路规整、垃圾分类等市政配套基础设施改造提升以及小区内建筑物屋面、外墙、楼梯、道路等公共部位维修，全面提升老旧小区环境质量。顺德花园在改造的同时，协同推进小区周边市政基础设施配套改造、商业网点优化亮化、背街小巷整治、违建拆除等工作，优化调整供热、供水、供气等管网布局，按照"海绵城市"理念改造树阵式停车位、步行道，新增设停车位100余个，切实补齐周边区域基础设施短板，进一步提升群众的幸福感和满意度。

停车位整改前　　　　　　　　　　　　　　停车位整改后

二是推进完善类改造，丰富老旧小区"里子"。老旧小区改造，不是简单地做一次"大手术"就可以，不仅要改善居住条件、提高环境品质，更要兼顾完善功能和传承历史，因此除了硬件的提升之外，人文环境、公共服务的改善尤为重要。胶州市坚持将打造宜居环境和提升居民服务融入小区改造全过程，通过楼体彩绘、增设文化景观等措施，充分彰显板桥镇、海表名邦、金胶州等文化特色，展现城市特色、延续历史文脉，让小区居民不仅感受到了新容貌，更有了心灵上的归属感。中云街道顺德花园小区在完成老旧小区楼体翻新改造的同时，实施示范类改造提升项目，将区域文化融入小区整治，投资240余万元修建了文化长廊、亲子乐园等场所，全方位改造提升老旧小区环境品质，真正实现"面子"提升、"里子"修复，全面提升百姓的幸福感、获得感。同时，坚持向地下要空间，向空中要效益，整合利用小区内既有的空地和公共配套用房，合理规划、超前设计、挖掘空间，建设社区党群服务中心、群众活动中心等综合公共服务载体，全面提升公共服务高效化、社会治理精准化，推动老旧小区改造提质增效。顺德花园小区对原有服务用房进行整合扩建，由原来建筑面积50平方米扩建为393平方米的地上二层结构，新增加了党建活动中心、助餐食堂、便利店、社区活动室、社区医疗、托幼、家政服务、物业服务等服务功能，有效提升小区公共服务水平，切实打通城市基层治理的"最后一米"。

活动中心整改前

活动中心整改后

外立面整改前

外立面整改后

社区服务中心整改前

社区服务中心整改后

直饮水机 垃圾分类设施

空调室外机规整整改后

三是推进提升类改造，焕发老旧小区"智慧"活力。老旧小区改造不仅包括对"硬件"的提升，还要实现社区治理"软件"的同步升级。不断创新完善基层治理机制，推进形成共建、共治、共享的社会治理格局，才能在老旧小区改造中找到"最大公约数"，绘就民心民愿的"最大同心圆"。胶州市坚持以丰富社区服务供给、提升居民生活品质为闪光处，强化科技赋能、智慧领跑，积极推进"未来社区""智安小区"建设，实施防盗系统换挡升级，加装内置金刚网窗，安装红外线安防报警系统，加装人脸识别、车牌识别和监控设备，大大提升了小区的智慧化管理水平。同时，以"智慧城市"建设为依托，引入海尔集团在胶州市注册成立青岛海纳云信息科技有限公司，2021年9月17日搭建完成胶州市绿色智慧住区平台，居民不出小区便可享受在线就医、养老等服务，真正用智慧科技为居民安全保驾护航、用智慧科技为居民提供便民服务。

胶州市绿色智慧住区平台

视频监控系统　　　　　　　　　　　　　　　　人脸识别系统

更换单元门及语音对讲系统　　　　　　　　　　社区监控设施

2）群众工作

党建引领，在顺应大势中谋新机，让小堡垒激发老旧小区改造大能量。

老旧小区改造不仅是一个建设工程，更多的是一个社会治理、基层组织动员工作，需要坚持以人民为中心，切实发挥党建引领作用，实现党建与老旧小区改造的同频共振、相互融合。胶州市坚持"业主主体、社区主导、政府引领"的原则，通过问卷调查、实地调研等方式，选取群众改造意愿最强的顺德花园小区作为突破口，以点带面、示范带动、梯次铺开，并在改造中充分发挥基层党组织战斗堡垒作用和党员先锋模范作用，全面增强小区自治管理和有机更新的向心力和凝聚力。

一是坚持以人为本，着力营造共建共管共治共享新格局。老旧小区改造，既是人居建设项目，也是社会治理工程，面对改造过程中的不同诉求，需要在尊重群众意愿、倾听群众声音基础上，因地制宜、精准施策，共绘老旧小区改造"最大同心圆"。胶州市坚持改造前"问需于民"、改造中"问计于民"、改造后"问效于民"，通过前期方案征集群众意见、过程公开接受群众监督、结果交给群众评判，开门纳谏征集"金点子"，制定改造项目"菜单"，引导群众按需"点单"，真正让群众成为老旧小区改造的"主角"，实现"民有所呼，我有所应"。以加装电梯为例，楼上楼下居民的需求差异大，很多地方加装电梯不是倒在"最后一公里"，而是在"第一公里"就卡壳了。面对类似问题，胶州市不搞"一刀切"，而是充分听取群众意见、做好群众工作，在加装电梯时，根据群众意见对电梯布局方案进行多次优化调整，最终将电梯间设计为开窗式，保证阳光能够穿过电梯，减轻加装电梯对低楼层采光影响，满足了群众需求。通过入户访谈、居民议事会、评审会等方式，收集并吸收合理化建议1 000余条，实现入户率、群众支持率、支持物业房整改率3个100%，真正让老旧小区改造实现决策共谋、发展共建、建设共管、效果共评、成果共享。

加装电梯前

加装电梯后

二是突出示范带动，着力推动"要我改"向"我要改"转变。老旧小区改造存在众多不同声音，如何协调"众口"、达成共识，关键在于要有人去当"老娘舅""和事佬"，去正视矛盾和解决矛盾。胶州市紧紧抓住党员干部密切联系群众这个根本，充分发挥基层党员干部的先锋模范作用，在社区内组建成立党员先锋模范队，带头签协议、主动讲政策、及时调纠纷，引导居民变"要我改"为"我要改、我乐改、我期待改"，切实用党员干部的"辛苦指数"换取群众的"幸福指数"。在改造过程中，率先建立了"1+14+52+N"的党建工作共同体："1"即组建顺德花园党支部，选派小区业主中有经验、有威望的老党员干部担任党支部书记；"14"即以每栋楼为单位建立14个党员任群主的微信群，统筹开展入户调研、宣传动员、答疑解惑、组织实施等工作；"52"即从小区中选取52个党员示范户，全面做好模范表率作用；"N"即这52名党员的联系户，通过"头雁带群雁"，引导居民聚拢来、动起来，全面形成同心同向推进小区改造的良好局面。

三是夯实组织根基，着力破解老旧小区改造瓶颈难题。凡是党建抓得好的地方，各项事业就发展得好，只有提升基层党组织凝聚力、组织力、战斗力，做到"组织一呼、群众百应"，才能为老旧小区改造按下"加速键"。胶州市坚持把基层党组织建设作为推动老旧小区改造的主抓手，探索建立"街道党工委—社区党委—网格党支部"三级组织体系，组建起"小区党支部—楼长—党员示范户"三级组织架构，全面释放基层党组织强大合力，将党建引领延伸到城市更新改造工作的全过程。在改造过程中，入户讲解政策、解释费用摊派标准，就防盗网拆除、垃圾分类等工作一并征求意见。仅用两天时间就做通住户动员工作。

3）资金筹措

改革开路，用好改革"冲击钻"，点准关键穴位，多举措凝聚共治力量。

老旧小区改造不只是城市更新的重要内容，也体现着治理体系和治理能力现代化的内在要求。当前，在老旧小区改造过程中，改造资金从哪里来、改造过程如何监督、改造之后如何管理等一系列问题，成为摆在基层政府面前急需解决的难点、堵点。着眼于化解这一系列难题，胶州市坚持把改革作为推动老旧小区改造的方法论，瞄准市场化改革方向，以制度创新、流程再造作为撬动改革的"冲击钻"，最大限度激发体制机制活力，全力绘就老旧小区改造的"最大同心圆"。

一是创新多元投融资机制，多举措破解资金难题。老旧小区改造，面临诸多瓶颈制约，而资金缺口，是改造面临的第一道坎。要想解决这一问题，仅靠政府"独唱"远远不够，关键是要创新体制机制，充分吸引社会力量参与，组成多声部"合唱"。胶州市紧紧围绕"政府引导、市场运作"的思路，建立完善"政府、居民、市场"合理共担的多元化的可持续资金筹措机制，在时间和空间的延展上下功夫，真正变政府"独唱"为社会资本参与、群众共建的"大合唱"。创新实施"大片区统筹平衡模式、跨片区组合平衡模式、小区内自求平衡模式、政府引导的多元化投入改造模式"的"4+N"模式，通过在土地招拍挂过程中与老旧小区改造项目进行捆绑，由土地中标方出资承担改造资金，让更大区域内的更新改造带来更多的空间内容和规模化的运营价值。同时，积极争取政策性金融机构提供低息贷款、发行老旧小区改造专项债券等措施筹集资金，并按照市场化运作模式，协调自来水、供电、燃气、供暖、通信等单位对专营管线出资改造，切实破解老旧小区改造资金来源难题，确保各项改造工作顺利进行。

二是坚持创新思路，拉动居民消费。老旧小区改造既是重大民生工程，也是发展工程。胶州市在推进老旧小区改造过程中，注重两方面有机结合，取得良好效果。按照"地需地产、地产地用"的理念，组织海尔、海信、海润水务、特来电新能源、尼得科等本地企业在试点小区进行现场推介，鼓励小区居民结合老旧小区改造同步更换家居家电。在电梯采购、空调置换等方面，优先与海尔、尼得科等本土制造企业合作，全面提升本地产品配套使用率。据统计，顺德花园小区居民以旧换新安装空调50台，电热水器280台，加装电梯12部，120余户居民更换断桥铝隔热窗。

居民出资更换电热水器

居民出资更换断桥铝隔热窗

4）推进机制方面

改善辖区老旧小区居住环境，胶州市不断探索辖区内老旧小区改造模式，建立"一区一策"机制推进老旧小区改造工作。把老旧小区改造的标准定位到人民群众最迫切需要解决的问题上来，在征求广大业主的意见和建议后，对项目合理分类，分期分批建设。为使老旧小区改造得民心、顺民意，改造前由广大业主讨论改造内容，根据实际情况确定出资比例，顺应群众期盼；在改造中结合小区实际，建立老旧小区改造周例会制度，及时研究解决老旧小区改造中存在的突出问题，实事求是、科学评估，做到"一区一策"。

5）后期管理方面

强化建管并举，着力推进老旧小区焕然一新。

老旧小区改造"三分建、七分管"，只有"建管并重"，才能真正惠及民生。在改造中，建立完善日调度、周例会制度，组建项目监督、项目推动、问询反馈三个工作组，严把"三关"（材料质量关、施工质量关、工程进度关），做好"三公开"（设计公开、内容公开、监督公开），切实做到问题及时发现、及时处理，保障改造工作在各个层面的开展和顺利进行。同时，着眼于最大限度地激发人民群众的积极性、主动性、创造性，成立了社区居民监督小组，挂牌上岗，使居民成为积极为小区建设奉献力量的"主人翁"，形成了共建共享的良好氛围。在改造完成后，按照"一次改造、长效管理"的原则，建立完善社区党组织、社区居委会、业主委员会、物业服务企业的"四位一体"社区管理服务模式，由所在街道居委会指导成立业主委员会，选聘物业企业进行管理，确保改造后的老旧小区外观"颜值"不反弹、内在"气质"新提升。

3. 项目经验可复制可推广

1）坚持"示范带动、全员参与"原则

坚持改造前"问需于民"、改造中"问计于民"、改造后"问效于民"，通过方案征集群众意见、过程公开接受群众监督、结果交给群众评判，开门纳谏征集"金点子"，制定改造项目"菜单"，引导群众按需"点单"，真正让群众成为老旧小区改造的"主角"，实现"民有所呼，我有所应"。引导居民变"要我改"为"我要改、我乐改、我期待改"，切实用党员干部的"辛苦指数"换取群众的"幸福指数"。

2）坚持"政府统筹、市场运作"原则

建立完善"政府、市场、居民"合理共担的多元化的可持续资金筹措机制，积极探索"4+N"改造模式，多举措破解资金难题。积极争取政策性金融机构提供低息贷款、发行老旧小区改造专项债券等措施筹集资金。并按照市场化运作模式，协调自来水、供电、燃气、供暖、通信等单位对专营管线出资改造，切实破解老旧小区改造资金来源难题，确保各项改造工作顺利进行。通过以上措施，有效保障胶州老旧小区改造资金需求，为老旧小区改造全面推开奠定坚实基础。

3）坚持"地需地产、地产地用"原则

选用本地品牌，组织海尔、特来电新能源、尼得科等本地品牌企业举行产品推介会，进一步提升本地品牌配套率。扶持本地企业，拓宽市场销路。

4）坚持"一次改造、长效管理"原则

引入第三方评估机制，加强老旧小区改造质量监管，严把质量关，有力有序推进工程建设。打造"红色物业"融入老旧小区物业管理。对无物业管理小区，引入物业公司接管，市财政承担补助资金，经过2年运转成熟后，由市场主体自行运营，实现市场化运作。

第三节　烟台实践案例

梨园小区改造

1. 基本情况

梨园小区位于烟台莱阳市中心城区，龙门路以南，芦山街以北，五龙路以东，大寺街以西区域，建筑面积 8.5 万平方米，涉及住宅楼 57 栋、1 277 户，改造工程概算总投资 3 487.6 万元。

梨园小区作为全国老旧小区改造试点，是烟台仅有的两个试点之一，选择梨园小区作为试点，主要基于三方面考虑：一是建成时间早。梨园小区建成于 1988 年，是烟台莱阳建设最早的小区。目前，小区内违章建设错综复杂，道路破烂不堪，绿化破坏严重，环卫设施破旧缺乏、线路凌乱，污水横流，环境脏乱差，严重影响居民正常生活，居民改造愿望非常迫切。二是规模比较大。小区分一、二、三期建设完成，区域面积大，居住户数较多，幼儿园、学校、社区医院、便民服务设施等各种配套功能比较完善，改造价值很大。结合东面建设之中的中央公园项目，对该区域进行统筹改造，可进一步提升城市形象，拉动经济社会发展。三是区位优势突出。小区南有庐山街、西临五龙路、北靠龙门路，小区内城市支路贯穿其中，系城市交通要地，如果结合老旧小区改造，打通断头路，完善基础设施，方便小区居民进出，提升城市通行能力。

改造前的梨园小区

根据试点任务要求，重点做好三个项目：一是基础类。对小区内市政管线、排水排污、屋面防水、绿化种植、路面硬化、消防设施等基础设施进行全覆盖改造，并进行违建拆除，彻底改变小区脏乱差的面貌。二是完善类。充分合理利用空间，增设停车位；对公共活动场地进行打造，增设体育健身设施；对社区用房、党建用房进行改造，打造党群活动中心；配套建设文化服务中心、医疗卫生等设施。三是提升类。加强智能物业建设，实现长效化管理。配备物业公司，增设智能设施，实行智能化管理，提升小区管理水平；规范周边便民市场、便利店，提升居民需求；提高环卫绿化档次，建设口袋公园；作为配套工程，将小区南侧芦山街（530米）向东打通至蚬河路，小区东侧大寺街（900米）南伸打通至金山大街，提升城市通行能力。

通过早谋划、早准备、早落实，2019年12月莱阳市将其确定为改造项目，列入全市高质量发展考核体系。通过多渠道筹措资金、现场征求意见、一线办公督导、全力落实推进，小区改造进展顺利。

改造后增加停车空间

改造后的公共空间

2. 主要经验做法

1）"三个一体化"改造新思路

通过试点改造，莱阳市积极探索"三个一体化"改造新思路，全力创造可复制、可借鉴、可推广的"梨乡改造新模式"。

（1）"一体化谋划"，让老旧小区居民当家作主

坚持民意为先、民生为重，按照共商共建共管理念，在小区改造中全程突出"阳光改造"，根据小区改造具体内容，精准设计改造"菜单"，将改造事项的选择权交给居民，可以根据自身需求自行勾选，让民生工程真正惠及民生。从项目改造调研论

证阶段开始，组织相关街道、社区对拟列入改造范围的小区提前摸排，对拟改造的内容广泛征求意见。通过代表座谈、张贴公告、设立微信公众号和志愿者上门入户等方式，发动老旧小区居民全程参与小区改造的方案设计、工程施工、过程监管。主管部门党员干部带头，采用"一线工作法"，全面下沉一线，准确摸排统计需改造和新建的基础设施情况，走访居民800余户，发放调查表600余份，收集居民意见80余条，切实将居民最关心、最现实、最直接的诉求纳入改造内容，《齐鲁晚报》《烟台日报》等媒体刊载了上述经验做法。

（2）"一体化改造"，实现小区及周边环境大改造大提升

梨园小区位于城市重要区域，因此，本项目不仅单纯完成该小区改造，而且还与其周边的城市功能、设施、形象等统筹考虑，推动整体更新升级，让百姓得实惠与城市提形象实现统一。小区改造从立面设计、城市颜色、公共交通、口袋公园等方面高起点规划设计，达到改造一个小区带动一片区域的效果。将小区改造与社会治理相结合，坚持治违先行，改造过程中拆除小区及周边各类违章建设300多处，建筑面积5 000余平方米。将小区改造与城市基础设施改造统筹推进。小区内改造道路作为城市支路发挥作用，小区外实施了芦山街、大寺街等城市主次干道改造，打通了小区周边断头路，提升了区域整体通行能力。加强小区周边城市管理，专项整治占道经营，高标准实施道路保洁，小区周边秩序、环境明显改观。

（3）"一体化服务"，由国企兜底保障无物业小区

梨园小区由于建成较早，多年来缺乏物业管理，居民常年抱怨不断，仅去年各类投诉就达到1 200余件。莱阳市全面实施"红心物业"党建领航工程，既把老旧小区"扶上马"，再为群众之忧"送一程"。针对小区市场化运作无物业企业入驻的情况，实施"双管齐下"策略，高标准改造老旧小区的同时，在广泛征求居民和社区意见基础上，为居民引进"红心物业"——莱阳市一家国有物业企业入驻，为老旧小区提供专业化、人性化的兜底保障服务，畅通联系群众"最后一米"。该企业全程参与征求意见、方案设计、督导协调等工作，"零距离"倾听业主呼声，提供精准的"保姆式"服务。制定《特殊小区物业管理服务办法》，秉持"服务高标准、收费低理念"的宗旨，充分发挥国有企业"讲诚信、服务优"的优势，坚持常态化联系服务群众，最大化服务于民，被列为烟台市党建引领物业服务管理示范企业。为实现兜底有力，国有物业企业积极拓展经营范围、提高其他项目经营收益，不断补充保障经费，受益居民超过2 600户，从根本上解决了群众积怨多年的烦心事，让广大居民亲身感受到了幸福来敲门的感觉，赢得了众多好口碑。"中国网""改革网""胶东在线"等媒体先后介绍了这一经验做法。

2）"六个突出"的改造经验

莱阳市针对老旧小区特点，坚持以人为本，做到"六个突出"，确保老旧小区改造又好又快推进。

（1）突出"纳民意"，坚持开展阳光改造

针对梨园小区改造涉及居民切身利益多、社会高度关注的特点，莱阳市将群众的笑脸作为改造成效最真实的尺子，在小区全面实施"阳光改造"，全过程听取群众意见建议，将居民最关心、最现实、最直接的诉求纳入改造内容，小区怎么改、改得好不好，由群众说了算。在方案设计论证阶段，发放征求意见信600余份。在改造过程中，在小区的主要出入口设置工程公示牌和联系电话，方便小区居民了解工程情况。在施工现场内，设置醒目的安全标识，做好通行道路的安全防护措施，把群众安全放在首位，让民生工程真正惠及民生。

听取群众意见　　　　　　　　　　　　现场调研

（2）突出"高标准"，精心打造示范工程

一是改造前，突出一个"精"字：细心征集改造意愿、诚恳商议改造内容、科学制定改造方案，实现精准论证、精准施策，全面彰显精品理念。

二是改造中，突出一个"全"字：全面实施排水排污、道路硬化、屋面防水、立面改造等工程，同步推进停车位、环卫设施、路灯监控、便民网点等设施建设，实现"一次改造、全面提升"的目标，将群众20多年的所想、所需、所盼变成现实，彻底解决小区出行难、停车难等老大难问题。

三是改造后，突出一个"常"字：建立组织领导、党建覆盖、规范管理、联建共治、保障支撑"五位一体"的常态化"红心物业"工程，形成社区党组织、居委会、业委会、物业服务企业等多方协同的治理维护合力。

改造后的道路   改造后的墙面美化

（3）突出"快节奏"，全面完成改造目标

一是早动手、争主动。从 2019 年 9 月起就着手进行前期调查、统计摸底、调研论证等工作，广听民意，阳光决策。按照实事求是、量力而行的原则，确定改造内容。

二是抓协调、重落实。组建由市政府主要负责人任组长的工作专班，市委、市政府主要领导多次调度，现场办公，及时解决管线入地、管网对接等改造工作中遇到的困难和问题。将老旧小区改造纳入全市高质量发展考核体系，通过召开专题会议、定期通报、督导约谈等方式，建立激励约束机制和限时办结制度。

工作专班现场办公，多部门共同参与、上下联动

三是促联动、成合力。建立全市老旧小区改造领导小组，相关部门、单位为成员。街道办积极做好民意调研，综合执法和国土规划部门合力拆除违章建设，工信部门协调管线单位在资金紧张的情况下全力做好管线改造及入地工作，形成了多部门共同参与、上下联动推进机制。

四是重质量，快推进。建立责任清单和限时办结制度，全面落实"一线工作法"，确保各项工程严格按照时间节点推进。严格落实参建主体质量终身责任制，确保每个改造项目质量过硬、安全可靠、呈现精品，实现城市品质和群众幸福指数双提升。

（4）突出"信息化"，充分利用老旧小区改造数字化平台

　　莱阳市按照国家及各级政府关于老旧小区改造工作统一部署，借力信息化、数字化新理念，为高质量推动老旧小区改造，充分运用"烟台市老旧小区改造全过程监管系统"及"智慧旧改"手机 APP，实现了老旧小区改造数据真实化、流程标准化、应用智能化、管理痕迹化、决策科学化。

烟台市老旧小区改造情况一览

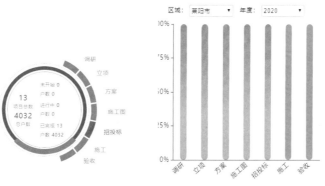

数字化推动老旧小区改造

烟台市老旧小区改造全过程监管系统

系统通过"老旧小区基础数据库""老旧小区改造动态管理数据库",采集项目位置、楼幢分布、历史现状、改造部位、规划图纸、影像资料等数据,实现基础数据存储数字化,并形成大量动态数据,利用大数据技术分析,通过电子地图、大数据看板展示老旧小区改造前及改造后的效果,形成对比。

设计、施工、监理、建设等各参与单位现场采集改造的信息及影像资料,通过监管系统和手机APP,及时上报各类项目资料,对数据实时更新、全程追踪、动态管理,方便管理部门查询信息、上传下达、审查验收。管理部门及时掌握项目进展,摸清工作短板,协调解决问题,有效提高管控效率、节省多方成本。

烟台市老旧小区管理系统

2020年度,莱阳市改造的13个老旧小区项目数据全部纳入系统中进行管理。累计收集老旧小区改造项目档案数据13套、设计方案13本、施工设计图纸45份、小区原貌图1 260张、施工过程图片影音资料56部。通过这些数据的采集,为未来几年老旧小区改造的科学规划提供了有力支撑。

（5）突出"创新化",探索创新工程管理模式

为解决传统建设管理单位专业人员不足、技术手段落后、责任风险大、管理碎片化、缺乏长效管理机制等问题,莱阳市在老旧小区改造过程中采用以设计为主导的"全过程工程咨询服务"管理模式,最大限度提升决策科学化、效益高效化水平。通过全过程工程咨询在建设单位和各传统单项服务单位间架起桥梁,贯穿老旧小区改造全生命周期,打造可持续发展典范。

老旧小区改造数量多、内容杂,室内室外、地上地下面面俱到,前期调研工作量巨大。莱阳市建设管理单位及委托的全过程工程咨询项目团队配合属地街道办事处以走访、问卷调查、座谈等形式进行民意调研,发放问卷、走访居民、征集意见,现场讲解设计方案、解答技术问题,为项目打下良好基础。

设计团队为居民进行技术答疑

施工团队现场讲解

建设管理单位及工程咨询团队走访居民、征集意见

项目团队利用"全过程工程咨询管理平台"进行施工管理，各类资料及时准确上传平台，形成老旧小区改造"数字化"档案提供给建设单位，以先进理念和技术代替传统管理手段。

有效整合设计、造价、招标、监理等相关单位，简化合同关系、减少招标次数、缩短工作周期，解决各单位责任分离、互相脱节的矛盾，有效缩短了施工前期准备时间。在施工过程中，项目团队作为项目的主要参与方与责任方，发挥技术、管理优势，现场严格管控，杜绝生产安全事故，较大程度降低或规避了建设单位的主体责任风险。

梨园小区改造施工现场

（6）突出"体系化"，积极发挥改造价值

推进项目建设体系化。对管线入地、供水供气供热设施、雨污分流、消防设施、公共场地、健身设施，以及文化中心、医疗设施、便民市场、智能设施、社区用房、党建用房等项目进行一体化全覆盖改造，做到应改尽改、应建全建。将老旧小区改造融入"城市双修"改造范畴，统筹推进小区周边的道路改造、环境绿化、医疗、商业等基础配套设施建设，实现大改造、大更新。

在多方积极协作下，老旧小区改造施工环节顺利完成，小区面貌焕然一新，社区环境大大改善，让群众享受到了城市建设发展的红利。在新社区内，处处充满欢声笑语，居民的社区活动更加丰富，曾经沉寂多年的广场又恢复了久违的"人气"，幸福感和获得感溢于言表。

梨园小区改造后实景

第四节　上海实践案例

一、静安区临汾路 380 弄老旧小区改造

上海市静安区临汾路 380 弄"星城花苑"小区，建于 20 世纪 80 年代末，总建筑面积 7.77 万平方米，属于售后公房小区。小区现有 36 个楼组、1 205 户，常住人口 3 615 人。

改造工作主要从以下几个方面予以推进：一是在整体规划下，以群众需求和社区建设为导向，探索旧区改造与党建联建、居家养老等相关资源的融合，打通便民服务"最后一千米"，打造平安、舒适、便捷、有序的"美丽家园"综合体，让老旧小区的生活更开心、更舒适、更有温度；二是因房施策精准发力，抓住雨污混接、高坠隐患、停车难等短板，切准症结，直指病灶，编制个性化改造和修缮方案，动"小手术"，做"微更新"，通过一桩一件"小微工程"，让群众看到一点一滴实实在在的变化，获得感不断增加；三是将工作观念从以"房"为中心向以"人"为核心转变，从单纯注重住房本体的改造向居住功能的提升、居住品质的优化转变，从简单的"住有所居"向更高层的"安居宜居"转变，实施"有温度、可持续、高品质"的老旧小区改造。

综合为老服务中心改造前

综合为老服务中心改造后

综合为民服务中心改造前

综合为民服务中心改造后

外立面翻新改造前　　　　　　　　　　外立面翻新改造后

非机动车库改造前　　　　　　　　　　非机动车库改造后

垃圾箱房改造前　　　　　　　　　　　垃圾箱房改造后

环保空间改造前　　　　　　　　　　　环保空间改造后

电梯厢房更新改造前　　　　　　　　　电梯厢房更新改造后

二、上海市徐汇区武康大楼改造

武康大楼，原名诺曼底公寓，位于上海徐汇区淮海中路 1842—1858 号。大楼始建于 1924 年，由旅居上海的匈牙利建筑师邬达克设计，是上海第一座外廊式公寓大楼，属法国文艺复兴式风格，最有特色的就是外立面清水砖墙以及古典山花窗楣等丰富的水刷石装饰。

1. 在风貌、民生方面，争做"加法"

一是坚持"修旧如旧"原则，对每一块砖、每一处装饰细节都进行详细考证和研究，如修补后的清水砖墙上的纹理，都细化到要求按雨滴在墙面下落效果处理为竖向纹理，再现这一经典建筑的原有风貌。并在提升风貌的同时，提升老百姓的"获得感"。二是充分考虑施工过程中可能对居民造成的影响，针对修缮内容多次会同专业设计单位实地踏勘，召开居民代表沟通会并到居民家中了解实际情况，问计于民、问需于民，针对老百姓提出的漏水多、环境差、管线乱等实际困难，把投入更多用在老百姓的急难愁问题上，通过绿化景观提升、电梯更新、厨卫综合改造、走道管线梳理等方式，力争将这一"标杆工程"打造为"民心工程"。

水刷石墙面修缮　　　　　　清水墙修缮　　　　居委、物业上门开展居民工作，了解居民诉求

2. 在立面附着物方面，狠做"减法"

将对武康大楼特色部位及整体风貌造成了极大的影响的空调机架全部移至内天井，将二楼以上所有的 243 个空调机架位置进行规整，做到"横平竖直"，并将外立面上的 119 个雨篷、71 个晾衣架全部拆除，尽可能将附着物对原有风貌的影响降到最低。

修缮前　　　　　　　　　　　　修缮后

修缮前南立面　　　　　　　　　　修缮后南立面

辅楼屋面修缮前杂乱不堪　　　　辅楼屋面修缮后为居民开辟了公共晾衣区域

智能监控设备

3. 在综合管理方面，抢做"乘法"

结合架空线入地、立面整治、绿化景观提升、物业精细化管理、垃圾分类等重点工作统筹推进，尽可能发挥"乘法效应"，力争通过这"一揽子"的综合解决方案，提升武康大楼区域性整体风貌。

4. 在安全隐患方面，痛做"除法"

武康大楼建成已近 90 年，建筑的原始材料尤其是水刷石部分已经出现一定的老化和空鼓现象，因此，修缮过程坚持"安全是一切的底线"原则，一是针对可能存在安全隐患的装饰部位开展红外线专项检测，制定针对性的修补措施；二是多次优化换装空调机架的方案，采用不易锈蚀的轻质材料以及"一体式"的结构，尽可能减少对清水砖墙的破坏；三是试点应用信息化监测技术，安装智能感知设备，监测建筑的震动、倾斜、位移、裂缝等情况，将数据实时传输到区网格中心形成后续处置闭环，全面为武康大楼的房屋安全"保驾护航"。

三、长宁区敬老邨老旧小区改造

上海市长宁区敬老邨建成于 1948 年，有 3 幢房屋，44 户 126 位居民。由于小区年限已久，敬老邨内的设施设备逐渐老化，小区居民迫切希望改善居住环境。小区经多方谋划，开展老旧小区"微更新"改造，变"小、散、乱"为"小而美""小而精"，项目总投资约 400 万元，其中约 100 万元为财政资金，其余资金为社会与企业捐赠及自筹，设计团队由社区培育，免费设计，反哺社区。

一是社区基金会资金撬动项目启动。新华街道于 2017 年 2 月试点成立了上海市长宁区新华社区基金会。基金会围绕"整合社区资源、拓宽慈善渠道、服务社区民生、参与社区治理、提高治理水平"的宗旨，吸纳社会多元主体的捐赠资金，充分挖掘社区单位资源，积极走访发动社区重点单位、人大代表单位等 8 家单位完成了 200 万元原始基金的募集工作。敬老邨的改造更新成为社区公益基金"取之于社区、用之于社区"，参与社区改造的有益尝试。

　　二是专业的设计类社会组织团队公益助力。在居委会的牵线搭桥和指导下，几位设计师在敬老邨内成立了大鱼社区营造发展中心（社会组织），用自己的视角为老旧小区注入新的审美理念和设计思路，免费为敬老邨的一系列叠加项目提供整体设计方案。由于设计理念新颖、效果美观实用，"大鱼"的参与得到了敬老邨居民的一致好评。

　　三是条块联手做好各类项目叠加。邨内叠加了多个社区微更新项目。如家门口工程，实施小区内防盗总门安装、垃圾箱房改造、车棚改建、室外护栏、不锈钢水槽隔板、墙体粉刷等；适老性改造项目，安装连续性扶手、增加休憩座椅、地面防滑处理、增加天井透光度等；科技助老项目，购买爬楼机、触摸屏、远程医疗机、体质检测机及防摔倒摄像头等。微治理项目，打造敬老邨自治园地，建设文化墙、居民自治绿化角等。企业赞助项目，经营造发展中心牵线，万科集团出资 100 万元，用于敬老邨楼道内加装扶手，改造顶楼平台等。这些项目由街道进行统筹，居委会负责对接落地，专业设计团队"大鱼"统一打包设计。

　　四是社区自治带头人全程参与。敬老邨的改造充分发挥了小区内能人的作用，改变传统的"自上而下定了办"的方式，采取"自下而上商量办"，敬老邨里的大事小事历来由热心小区事务、群众威望高的居民主动承担，尤其是在敬老邨的后续改造更新过程中，"村委会"成员们上门挨家挨户征询居民意见，并与施工方、社会组织、设计师通过"头脑风暴"共同制定改造方案，大到小区的公共空间的布局，小到空调架的样式、遮雨棚的款式、颜色以及八角亭的命名等，都充分听取居民意见。在此过程中，敬老邨内的议事机制也不断健全，"村委会"的运转机制也更加顺畅。

小区出入口改造前

小区出入口改造后

出入口改造后，有了属于居民自己的沟通聊天微空间

楼道改造前

楼道改造后

楼道改造后

楼道改造后

楼梯采光改造前

楼梯采光改造后

满足居民休闲需求

顶楼改造前

顶楼改造后

顶楼改造后   微更新延伸到道路

最右侧为保洁收纳室，以人为本整洁有序

第五节　北京实践案例

一、朝阳区劲松（一二区）老旧小区有机更新项目

1. 项目基本情况

北京市朝阳区劲松街道劲松北社区为改革开放后第一批成建制住宅，总占地面积 0.26 平方千米，有居民楼 43 栋，项目涉及总户数 3 605 户，老年居民比率 39.6%，其中独居老人占比 52%，社区配套设施不足，生活服务便利性差，居民对加装电梯、完善无障碍设施、丰富便民服务、提升社区环境等呼声很高。

2018 年 7 月，朝阳区劲松街道与社会资本愿景集团签订战略合作协议，共同推进劲松北社区改造更新工作。项目总投资 7 600 万元，其中政府财政投资 4 600 万元，社会资本投入资金 3 000 万元。项目打造了以"一街"（劲松西街）、"两园"（劲松园、209 小花园）、"两核心"（社区居委会、物业中心）、"多节点"（社区食堂、卫生服务站、美好会客厅、自行车棚、匠心工坊等）为改造重点的示范区，打造平安社区、有序社区、宜居社区、敬老社区、熟人社区、智慧社区。

2019 年劲松项目示范区改造已全部完工亮相。2021 年，改造范围扩大到整个劲松北社区。同时，愿景集团不断延展模式范畴、再探新路径，通过四方合作推动危旧楼房拆除重建，为《北京市城市更新行动计划（2021—2025 年）》的制定与实施提供了更多经验。

劲松北社区鸟瞰

2. 项目特色

1）特色一：党建引领，建立"五方联动"工作平台

强化项目各个阶段中党建的主导、引导、指导、督导、倡导和领导作用，由区级

领导统筹建立街道党工委（办事处）、区相关部门、社区党委（居委会）、居民议事会和社会力量共建共治的"五方联动"工作机制和工作平台，实现各关键环节和利益诉求的"闭环管理"；并搭建起社区党委牵头，项目公司临时党支部、物业服务企业党支部、房管所党支部、居民党支部等参与的"党建共同体"，实现工作联动。

这一机制很好地克服了"多个主体协调、多方利益平衡、多点问题解决"的现实挑战，起到凝心聚力的作用，展现了新时代基层党组织的坚强领导力。引入社会力量参与老旧小区改造必须要坚持党建引领以实现凝心聚力，这是劲松改造实践带给参与各方的切实体会，"劲松模式"的内核，就是"党建引领多元共治"。

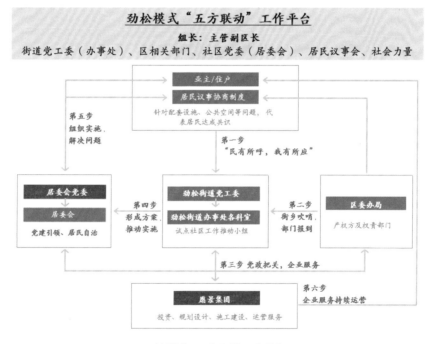

劲松模式"五方联动"工作平台

2）特色二：坚持参与式治理，使居民成为改造最大的受益者

在"劲松模式"的具体实践中，社区居民全程参与，自主选择改造内容。为精准定位居民的需求，劲松街道和愿景集团团队通过发放问卷、入户访谈、现场调研、组织座谈、召开评审会等方式，在深入了解居民需求后确定改造重点，实现了真正的"民有所呼，我有所应"。改造初期，发放了约2 380份调查问卷，将居民需求进行条块梳理，2019年3月28日，进行设计展示和物业路演，2019年4月8日起，一个月的时间内分10个志愿小组上门讲解改造细节，争取业主同意的"双过半"，2019年8月2日，围绕公共空间、智能化、服务业态、社区文化4个大类，共16个小类30余项专项改造全面完成。随着社区居民参与深度的增加，更多诉求得到满足，进而提高了积极性和满意度，共商共建共治的社区氛围更加浓厚。

小区入口改造前后对比

内部空间改造前后对比

社区居民深度参与，共商、共建、共治

3）特色三：创新社会资本参与，实现微利可持续发展

面对老旧小区改造错综复杂的问题，仅靠政府单方面力量，以传统的老旧小区治理方式很难从根本上解决，在此背景下，2018 年 7 月劲松街道与社会资本愿景集团达成合作，结合劲松小区综合改造和提升的实践，共同探索能够实现社区长效良性发展的创新模式——"劲松模式"，即引入愿景集团从设计、投资、改造、物业管理到社区运营全生命周期地参与老旧小区改造。

政府主动积极作为，为社会力量更好地参与老旧小区改造提供必要支持。在劲松北社区改造试点项目中，劲松街道不仅按政策规定提供了 3 年的扶持、协调区房管局等部门共同为愿景集团运营低效空间授权，还探索低效空间产权归属、用途变更等政策困境的突破之策，并着手在劲松街道范围内其他老旧小区实施改造、拓展改造规模，以创造产生规模效应的条件。

在改造资金来源上，除由劲松街道按程序申请市、区两级财政资金担负社区基础类改造费用外，由愿景集团投入自有资金实施提升类、完善类项目改造，通过赋予社区低效空间经营权和物业服务、停车服务收费等实现投资平衡，并随着养老、医疗等社区服务业态落地加快投资回收速度。同时，项目积极引入金融机构融资，中国建设银行北京分行向"劲松项目"提供项目贷款支持，社会力量参与、金融机构支持模式有了初步成效。

低效空间改造前　　　　　　　　　　　　低效空间改造成老字号糕点

4）特色四：实现老旧小区物业接管，为改造成果提供有力保障

引入社会力量参与老旧小区改造是政府主导下为提升居住品质而进行的改造模式创新，社区居民需要履行应有的义务并为获得的服务付费。为进一步提升社区居民的责任意识和付费意识，需要在社区建设与治理的整体框架下，重视针对社区居民的聚心气活动。愿景集团在参与小区改造过程中，通过旗下物业公司积极开展社区氛围营造活动，社区里每周至少开展一次社区集市、社区课堂、文体娱乐等活动，让大家找回了以往的生活气息。丰富多彩的聚心气活动，带来社区居民对社会力量的充分认同和支持，也进一步增强了社区居民的责任意识和付费意识。

面对劲松北社区原有物业"政府兜底、街道代管"模式和居民缺乏付费意识的难题，愿景集团组织了为期1个多月的物业入驻入户宣传，也使得该社区成为北京市首个以"双过半"形式引入专业物业服务的老旧小区。物业入驻后实施清单式管理，让居民在感受到生活品质切实提升的基础上，逐步接受物业服务付费理念，在4个月"先尝后买"期后，2020年1月正式启动收费工作。2021年度，物业费收缴率达85.42%。为促进物业服务企业自运转，街道设置为期3年的物业扶持期，将原来承担的兜底费用向物业公司购买服务，帮助物业公司度过缓冲期，增强自身造血功能，3年后物业企业完全自负盈亏。

"物业 + 为老"服务活动

3. 经验总结

"劲松模式"是政府与社会力量合作，以市场化方式促进城镇老旧小区改造的创新探索，核心在于形成党建引领、政府推动、民意导向、市场运作、长效治理的系统集成。"劲松模式"不是一个静态模式，其在组织、运行、民本、市场、治理等维度协同推进，内涵和外延仍在不断更新升级。

在组织维度，以党建引领实现多元力量参与老旧小区改造的融合协同，强化党建在改造各阶段的主导、引导、指导、督导、倡导和领导作用，有力促进资源、力量的高效整合，确保了社会力量方位清晰、方向正确。

在运行维度，突出街道一级政府在基层治理体系中的枢纽作用，依托北京市"街乡吹哨、部门报到"等基层治理机制建设成果，有力促进涉及条块权责、管理边界事项的解决，减少社会力量"单"对"多"、"私"对"公"的协调成本。

在民本维度，坚持民有所呼、我有所应，让居民意愿成为最大导向，让居民参与成为价值追求，让居民评判成为最终标准，有力促进居民成为老旧小区改造的最重要参与者和最大化受益者。

在市场维度，挖掘社会力量参与老旧小区改造的潜在盈利点，初步形成老旧小区改造的商业逻辑和盈利模型，对减轻政府财政资金压力，实现老旧小区改造市场化、规模化和金融化做了有效探索，社会力量得以树立"微利可持续"的商业价值导向。

在治理维度，聚焦社区善治，坚持"改管一体"，专业化物业服务企业入驻并提供服务，为完善社区治理体系增添了有机力量，助力基层党政管理方式从兜底式、包揽式向引领式、监督式转化。

在国务院办公厅《关于全面推进城镇老旧小区改造工作的指导意见》的政策框架下，"劲松模式"为政府支持社会力量深度参与到老旧小区的改造治理工作、紧密地团结在基层党组织周围、密切地联系群众、切实地链接党和政府与居民及社会组织等社会力量，走向共担共商共建共治共享，重塑老旧小区治理新格局提供了积极的借鉴经验。

二、石景山区鲁谷项目

1. 项目基本情况

国家"十四五"规划明确提出了"实施城市更新行动"，从国家战略层面对城市的规划建设和更新实施提出了更高要求。石景山区作为北京的"西大门"，在"一个开局""两件大事""三项任务"的北京发展大背景下，初步探索形成了老旧小区改造的"石景山样本"，而愿景集团作为社会资本被引入参与改造的"鲁谷项目"，则是其中的一个突出案例。

鲁谷街道老旧小区有机更新项目涉及 3 个社区 7 个院落：六合园南社区、七星园南社区和五芳园社区（以下简称"鲁谷项目"），总计 26 栋楼、4 089 户居民、建筑面积 26.7 万平方米。建成于 20 世纪 90 年代的三个社区属于北京市典型的老旧小区，产权性质复杂，产权与物业单位数量多达 30 余家，导致小区长期存在管理界面模糊，权责不清的问题。随着社区设备设施逐渐老化，居民对于生活环境提升及日常维修服务的需求常常得不到及时的响应。截至愿景物业接管前，小区面临上下水管线严重老化、屋顶漏水、停车位少等问题，"年老多病"的老旧小区状况给居民生活造成诸多不便，12345 热线被频频拨响。

石景山区鲁谷街道六合园南社区

在石景山区委、区政府的领导下，2019 年 12 月鲁谷街道作为实施主体逐步开展项目推进工作。在"党建引领、区委区政府统筹、街道专班主导、社会力量协同共创、居民自治共享"的工作推进机制下，探索了一条切实提升老旧小区民生福祉的创新路径。项目整体于 2020 年 7 月开工，截至 2022 年 7 月底已进入验收阶段。

2. 项目改造内容

鲁谷项目改造严格按照北京市《老旧小区综合整治工作方案（2018—2020年）》进行，涉及改造内容主要包含基础类改造、完善类改造、提升类改造三部分。其中基础类主要以满足居民安全需求和基本生活需求为主要内容，包含楼体节能改造、小区公共部位的维修、市政配套基础设施的提升等；完善类主要以满足居民生活便利需要和改善生活需求为主要内容，包含小区绿化、照明、无障碍设施、立体停车、文化休闲设施等建设；提升类主要以提升社区居民生活品质为主要内容，主要包含社区智慧化改造、社区便民服务站等建设。具体内容如下：

第一，基础类改造。户内部分：上下水管道更换、空调室外机规整、住户外窗更换、防护栏拆除；楼体及单元内项目：屋面防水、外墙保温、楼体外立面粉刷、楼梯间窗户以及单元门更换、楼道内管线规整、楼内公共区域的墙面粉刷；公共区域改造有小市政综合改造（供热、雨水、排水、燃气、强弱电架空线入地）、道路修复，垃圾分类站点建设等基础设施改造。

改造后粉刷一新的楼体外立面

第二，完善类改造中，主要包含小区内绿化补种、公区照明完善、无障碍设施完善、智能自行车棚改造、智能快递柜放置、文化休闲设施以及体育健身设施增加。

低效空间优化为便民惠民的公共活动空间

第三，提升类改造中，为缓解社区停车难问题，在六合园南社区西院新建立体停车综合体。并结合社区周边实际条件进行提升改造，主要包含小区智慧化改造，如车行道闸和人脸识别门禁安装以及小区内摄像监控设备补充。

六合园南社区新建立体停车综合体

其中，立体停车综合体的建设，充分考虑了居民意见和空间复合利用，设计集屋顶花园、立体停车、便民业态为一体的停车综合体。不仅保留社区小广场原有功能，又在两个社区内新增 105 个停车位，缓解了社区停车难，同时根据社区居民需求调研结果，引入便利店、邻里食堂等资源，方便居民日常生活。

立体停车综合体二层"屋顶花园"

3. 项目推进机制

1）坚持党建引领，积极发挥支部作用

2020 年 4 月 23 日，五芳园、六合园南社区西院、七星园南三个社区在街道以及社区党组织的牵头下，分别成立了物业管理委员会，物管会内设主任委员一名、由社区党组织书记担任，设副主任委员一名，由党组织推荐一名社区居民代表担任，其他委员由社区居委会工作人员、多类型业主代表组成，其中党员比例不低于委员总人

数的 50%。物管会正式成立后，在社区党组织领导下，成立社区物管会党支部，形成居委会、物管会、业主和物业公司共建共治的治理体系。物管会成立以来，在选聘物业服务企业、广泛征求居民意见建议、推进老旧小区一体化更新、协调物业公司与居民关系等重要工作中极大地发挥了纽带桥梁作用。

在社区党组织领导下物管会成立

2）多方参与，共同实施，一张蓝图绘到底

在区住建委的大力支持下，鲁谷街道积极调度各市政专业公司，将燃气、雨污分流、架空线入地等管线改造同步到本次综合整治项目中，一次改造统筹实施，最大限度降低施工对居民生活的影响，也保证改造效果及资金使用效率最大化，全面坚持了"一张蓝图绘到底"的原则。

3）建立日会、周会、吹哨会调度机制，协调各专业单位与施工改造问题

为更好地协调改造过程中涉及的专业问题积极统筹专业单位等，建立日会、周会、吹哨会等调度机制。在每日施工晨会沟通中，愿景集团与街道城建科、监理、施工单位、设计单位，共同解决施工过程中重难点问题，保证项目顺利推进。另外在每周例会制度下，定期汇报周度进展、月度规划，并及时沟通相关需求支持事项与协调调度事宜，确保项目高效执行。

4. 项目改造成效

1）改造内容切实符合居民诉求

鲁谷项目从方案设计到项目落地，每一步都秉持"以人为本"的精神，从居民需求出发，给居民以参与平台和发声渠道，充分考虑居民意见，让居民参与到自己居住的生活空间改造提升工作中来。

居民参与六合园南社区屋顶花园墙绘

（1）居民参与

在改造方案确定阶段，通过设置宣传展板、召开居民议事会等形式，向居民充分宣传老旧小区改造相关工作，提高居民对改造的知晓度，并通过入户调研形式，了解居民最迫切以及最需要改造的内容，最终形成改造方案。改造前期，五芳园、六合园南、七星园南三个试点社区共计调研1 300余户，最终根据居民实际需求确定改造方案。

（2）方案公示

方案确定后，公示改造方案，通过第二轮线上、线下居民调研，进一步收集居民意见并对方案做出及时调整，如针对社区分类垃圾桶点位设置的变更、针对社区大件垃圾堆放处的位置设置等。

（3）方案调整

对于新建立体停车综合体，做到充分征求居民意见，获得超2/3以上户数及面积同意。在调研过程中，也充分征求居民意见，针对居民提出的合理诉求，进行设计方案调整。

2）改造过程动态收集居民意见反馈

（1）成立联合监理小组

改造开始后，结合多方力量，居委会、物管会与物业成立联合监理小组，监督改造工程，及时对改造过程中的居民意见和建议进行反馈，并定期对园区改造内容进行巡视，及时监督施工质量以及安全问题。

（2）全程响应居民需求

改造全程，响应居民需求，持续根据居民反馈问题进行复盘，优化方案及改造方式。通过街道、社区、施工方、物业定期共同召开老旧小区改造推进会，及时沟通各方在改造过程中遇到的居民所反映的问题，并进行梳理，优化改造方案以及改造方式，及时对其予以针对性解决。

3）长效运营保障成果持续为民所用

为改变过去老旧小区政府兜底的困境，鲁谷项目结合社会资本专业力量，积极探索老旧小区"建管一体"的长效机制。规划设计初期就考虑后续运营的实际需求与管理难度，有机结合硬件改造与软性服务，统筹各类群体需求，开展覆盖全维度的改造更新工作，后续通过基础物业服务提供、智慧社区打造、便民业态服务引入、公益活动组织参与，满足居民多元生活需求并实现长效运维机制的建立，让老旧小区不仅"好看"，而且"好住"。

充分发扬民主，引入专业物业公司，
提供高品质管理服务

改造增设社区食堂，美味实惠，深受居民喜爱

公益组织入社区，提供多元便民惠民服务

5. 鲁谷项目"五个一"模式总结

鲁谷项目坚持"物业先行、整治跟进，政府支持、企业助力，同步实施，群众参与、共治共享，资本运营、反哺物业"，通过"五个一"实现了党建引领下工程改造、物业管理和社区治理全方位统筹、融合、提升。

一是"一体化招标"：鲁谷试点项目采用"投资 + 建设 + 运营"一体化招标引入了社会资本，同时结合项目实际将街道片区内多个老旧小区项目打捆招标，有效整合片区资源，降低管理成本，提升工作效率。

二是"一张图审批"：鲁谷项目积极探索大市政管线接驳立项审批流程和办事手续与老旧小区综合整治一同办理，缩减流程。改造中由鲁谷街道协调中标单位、排水集团、城管委进行立项、施工、验收、移交洽谈事宜，由中标单位进行施工，排水集团对项目进行验收移交工作，项目立项包含在老旧小区综合整治项目中，最终实现小区红线内外管线多图合一。

三是"一揽子改造"：鲁谷试点项目既关注外立面、小区路面、绿化、飞线入地等"面子"工程改造提升，更注重外保温、屋面防水、上下水改造、雨污分流等"里子"工程；既有市属、区属产权小区改造，又有国管单位支持的央产小区改造；既有楼本体和公共区域的改造，又有水电气热信等管线的统筹改造；既有工程层面的硬件改造提升，又有物管会、物业服务、社区治理层面的软件升级；既考虑老年人多的实际情况增加了养老服务驿站、社区食堂等适老化配套服务，又结合停车难的现状新建了立体停车设施。

四是"一本账统筹"：一方面通过统筹小区内停车收益、小区内配套空间运营权、片区内广告收益、社区运营增值服务收益和一定的施工利润，确保社会资本微利可持续；另一方面在招标时就明确了中标单位需要每年向物业进行反哺，与政府适当的奖励资金相结合，调动物业积极性，融洽物业与居民之间的关系，提升物业缴费率，形成物业可持续发展的良性循环。

五是"一盘棋治理"：鲁谷试点项目始终坚持党建引领，坚持以人民为中心，将老旧小区改造作为社区治理有机提升的突破口和支撑点，以社区党委领导下的物管会为纽带，逐步形成了社区党委、社区居委会、社区物业、社区居民、社会单位组成的"五社联动"，共建共治共享格局，实现了工程改造、物业管理、社区治理一盘棋，改造的同时也打造了民生综合体。

三、大兴区清源街道兴丰街道有机更新项目

1. 项目基本情况

2020年1月2日，大兴区召开社区治理试点工作推进会，引入社会资本愿景集团，以清源街道枣园社区、兴丰街道三合南里社区为试点，正式启动老旧小区有机更新试点工作。枣园社区是20世纪90年代建成的回迁、商品混居社区，建筑面积28.7万平方米，现有51栋楼，272个楼门，3 380户居民，13 100人，85家底商，5家辖区单位，是典型的超大社区。三合南里社区包含3个自然小区，分别为建馨嘉园、书馨嘉园和三合南里南区，三个小区总建筑面积8.9万平方米、含16栋楼、1 147户社区居民、3 000余人，除此之外，更新内容还包含社区外闲置锅炉房、堆煤场、底商等闲置资源，与三合南里社区共同打包为一个组团。

2. 模式解析——片区统筹，街区更新

对资源较为丰富的社区改造更新，实现社区自平衡；向外拓展，打破单个社区的

物理空间边界，以街道辖区为基本单位，通过党建引领、政府主导、多元参与，统筹相邻社区组成的"街区"乃至区域整体资源，以区域内强势资源带动自平衡及"附属型"弱资源社区，形成资源互补的组团联动改造，实现"片区统筹、街区更新"；推广复制多元协同、资源统筹更新方式，带动相邻街道、社区积极挖潜、利用社区空间和服务资源，逐步覆盖大兴区全域范围，实现促进"小围合、大开放"全域整体更新提升。

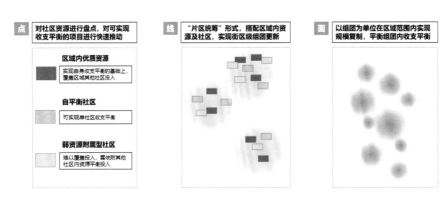

片区统筹模式

"片区统筹、街区更新"是"大兴模式"的核心。一是统筹：统筹政策合力，集成市、区、街三级政策资源；统筹民心所向，收集、汇总街道辖区内社区居民核心诉求；统筹社会力量，坚持党建引领，推动社会力量多元共建；统筹空间资源，提升闲置、低效空间的使用效能；统筹产业发展，植入产业元素，统一规划便民服务业态；统筹功能配套，打造完善的便民功能服务配套体系。二是更新：优化环境氛围，提升配套服务，创新生产方式，建立思想意识，培养生活理念，重塑邻里关系，实现全域整体更新。

3. 项目实施主要做法

1）清源街道枣园小区——超大社区有机更新

（1）解决居民核心关注问题，打造"参与式"社区改造

改造方案设计初期，通过社区活动，采集 2 000 余份居民调查问卷，结合数月的实地勘探结果，深入挖掘居民核心需求及痛点，融入改造设计方案及居民服务体系中。

改造方案初稿形成后，召开"拉家常"议事会，采集居民意见，优化设计方案。共征集居民意见建议 150 余条，居民意见采纳率约 95%。

改造实施中，吸纳社区居民代表、各领域专家作为小区改造的"居民顾问"，成立"社区智囊团"，针对社区治理及改造事项实施监督、建言献策。

在居民的共同参与下，公共区域内景观绿化提升、道路安防优化、休闲设施打造、便民配套新增等已全部完工，于 2020 年 9 月正式对外亮相。采取居民题字的社区

大门，成了社区文化的显著标识；由配电室改造的居民议事厅成了社区居民举办活动、社交会友的空间；新改造的松林公园内老人在下棋、年轻人在跑步、小孩在玩耍；社区内公共空间原有的台阶全部改为无障碍坡道，同时新增了扶手等适老化设施，提升社区内残疾人及老人生活便捷度，社区居民生活幸福感显著增强。

改造前后对比

（2）通过简易低风险政策，补足社区便民配套，提升居民生活便捷度

结合前期居民调研及社区周边配套市场调研结果，利用社区内闲置空间，通过简易低风险政策，新建便民服务配套，提升社区居民生活便捷度。改造后社区居民不用走出社区，便可以在社区内中心广场的社区便利店购买生活必需品；老人可以在主食厨房享受每日特价早餐及各类主食、熟食；小朋友放学后可以在松林公园的文具书吧内写作业及免费体验益智类小游戏。

通过简易低风险政策新建的 900 平方米社区配套综合便民服务中心，已经正式投入使用。社区居民可享受社区食堂、养老托幼、文体活动室、缝补维修、无障碍卫生间等便民服务。社区公共服务水平得到了切实提高，居民生活更方便、更舒心、更美好。

（3）打造垃圾分类教育基地，提高居民源头主动分拣意识

社区内引入厨余垃圾处理设备，打造共享菜园花圃，设备每日可消纳社区内 3 380 户居民产生的全部厨余垃圾，约 1 吨重。通过 24 小时的分拣、脱水、破碎、搅拌、生物发酵，变成约 100 千克有机肥。

通过举办小手拉大手蔬菜种植、厨余垃圾换蔬菜、垃圾分类益智游戏等活动，寓教于乐，社区居民可直观感受垃圾分类的重要性，主动从源头做好垃圾分拣工作，有效提升社区厨余垃圾分拣率，打造大兴区垃圾分类示范社区。

居民活动

（4）搭建共治共建共享平台，营造文化活力社区氛围

将闲置配电室改造为居民议事厅，用于举办党建活动、"拉家常"议事会等社区会议，还可作为社区居民举办民乐表演等室内活动场所使用。

居民议事厅改造前后对比

居委会、居民、志愿者搭建社区共享活动平台，自物业引入后举办了南门题字书法比赛、消夏市集、开园仪式、中秋国庆双节嘉年华、垃圾分类宣传、二手集市、社区邻里节以及枣园的秋天植物科普等文化类、节庆类、特色主题类活动。同时基于社区内原有书法、摄影、歌舞等社团，组建社区学院平台，创立社区学院线上服务号，丰富社区居民业余活动，挖掘、培育居民潜力与创造力，逐步形成可持续性的自我运作，打造活力、多彩、美好社区。

打造活力社区

美好社区活动

2）兴丰街道三合南里组团——点状分散社区改造

（1）通过产权单位资源置换，实现物业服务引入及社区改造提升，补充社区便民配套功能

与书馨嘉园（东区：6号、7号、8号）的产权单位（大兴区教委）进行资源置换，一方面实现无物业小区物业服务引入及社区内品质改造提升，另一方面通过对置换的空间资源（书馨嘉园6号底商）进行整体优化改造，引入生鲜超市、理发、药店等便民业态，打造兴丰·愿景便民生活坊（书馨嘉园6号底商），为居民提供优惠、便利的生活配套服务。

书馨嘉园6号底商改造前后对比

小区入口改造前后对比

（2）统筹片区资源，打造街区综合便民服务中心，打造"15分钟美好便民生活圈"

针对三合南里及周边多社区居民，采集 1 000 余份线上及线下调研问卷，针对居民核心诉求，利用社区外街区内闲置的锅炉房和堆煤场，打造辐射周边多社区居民的街区级便民服务中心。引入便民菜店、社区食堂、缝补裁衣、便民理发、文具办公、图书阅读、体育运动等生活服务功能，打造集便民服务配套和文化体育活动为一体的综合便民服务场所——三合·美邻坊，实现 15分钟美好便民生活圈落地，不断增强人民群众获得感、幸福感、安全感。

社区公共设施改造前后对比

第六节　广州实践案例

广州市近年以来一直将旧城老旧小区改造作为解决城市发展中的突出问题，适应城市发展新形势，促进经济发展方式转变，提升人民群众获得感、幸福感、安全感的重要举措。在推动老旧小区改造中，不搞大拆大建，保存城市文脉肌理，以"绣花"功夫改善人居环境，提升城市功能品质，推动实现"老城市新活力"和"四个出新出彩"。从 2018 年起至今连续 4 年将老旧小区纳入广州市十件民生实事任务，截至 2021 年 9 月底，已完成 520 个项目（666 个小区）的改造，已改造老旧建筑 4 368 万平方米（涉及 3.33 万栋楼宇），拆除小区违法建筑物、构筑物及设施 16 万平方米，"三线"整治 2 042 千米，整治雨污分流 461 千米，增设无障碍通道 89.5 千米，完善消防设施 5.39 万个，新增口袋公园和社区公共空间 477 个，惠及 60.8 万户，195 万人口。该市统计局调查结果显示，86.2% 的居民对改造成效满意，市民普遍由"消极接受、配合改造"转变为"主动申请、参与改造"，居民的获得感、幸福感、安全感进一步提升。

1. 主要经验做法

1）完善政策机制，强化实施监管

一是强化组织领导。成立广州市城市更新工作领导小组，由市住建部门统筹，市相关部门配合、各区政府具体负责，协同推进老旧小区微改造工作。二是强化政策保障。出台广州市城市更新办法、老旧小区改造工作实施方案、编制广州市"十四五"工作规划等政策，建立完善工作机制，指引各区有序推进改造工作，简化优化工作流程，加快项目审批。三是强化"绣花"功夫。编制《广州市老旧小区微改造设计导则》《广州市老旧小区改造工作实施方案》，开展相关业务培训，从源头抓好策划和设计。围绕"三个统筹"（计划统筹、方案统筹、资金统筹）、"四个监管"（安全监管、质量监管、进度监管、效果监管）、"八条措施"（流程优化、成片策划、设计指引、方案把控、现场督导、专家会诊、业务培训、综合评估），对老旧小区改造进行全过程全方位的指导和服务。

2）坚持党建引领，建设共建共治共享的善治社区

一是以基层党建统领社区改造。结合党史学习教育，践行"我为群众办实事"，深化"令行禁止、有呼必应"党建引领基层共建共治共享社会治理格局，构建"区—街—社区—网格—楼宇"五级党组织网络，健全党建引领的多元化治理方式。二是以"共同缔造"赋能社区改造。成立"共同缔造"工作坊，开展老旧小区"大师作·大众创"

活动，组织社区设计师、工程师、志愿者和居民共同参与老旧小区改造。三是以社区改造提升社区治理。改造过程中，居委会、政府部门、设计师、物业公司、居民代表等组建临时协调组织，搭建沟通交流平台，提高居民参与社区治理的意识和能力。

3）坚持民生优先，建设韧性社区

一是改造目标更加突出"完整"。对标完整社区建设标准和指标体系，在全国率先制定老旧小区改造内容及标准，对不符合要求的小区按照高标准实施优先改造。出台建设社区服务生活圈工作意见，制定社区服务生活圈建设评估指标，加强统筹谋划，推动全要素资源整合，提升完整社区比例，大幅提高老旧小区应对突发公共卫生事件的能力。二是改造内容更加突出"公共性"。60项改造内容中"基础类"占35项，包括基础设施维护和更新、智能安防系统、完善公服配套、构建应急救援系统等方面。创新增加"统筹类"，各部门通力协作聚力老旧小区改造，共同推进雨污分流、二次供水、"三线"整治、后续管养等，做到开挖一次，解决多重社区基础设施问题，推进公共服务覆盖群众身边的"最后一千米"。三是改造导向更加突出"民生"。注重民生，把完善适老设施、无障碍设施等公共服务设施配套建设作为重点，丰富社区服务供给，建设党群服务中心、公共服务站、长者饭堂等社区服务设施。

4）坚持要素导入，建设文化浓厚的活力街区

一是通过品质提升激发人居活力。印发《广州市老旧小区改造连片实施改造手册（技术指南）》，引入"拼贴城市"的城市设计理念，结合城市重点项目建设，把全市老城区划分成若干老旧小区改造单元，完善社区医疗卫生、康体健身、商业配套等服务设施，建设功能复合型社区，打造15分钟生活圈，同时推进全要素品质提升，实行"一小区一特色、一路一品牌"，创造高品质宜居生活。二是通过业态导入激发经济活力。对融合商业、文化旅游、居住等多功能的片区，加强产业导入，注重老字号、传统产业与非遗文化的培育与展示，逐步提升业态水平，如永庆坊项目在保护规划框架下制定业态提升规划方案等，活化现有建筑功能，促进片区宜居宜业宜游。三是通过历史传承激发文化活力。遵循统一规划、科学管理、有效保护、合理利用的原则，根据各街区的地理分布、类型特点，精准定位、全面考量。深入挖掘各历史文化街区中蕴含的历史文化资源，如城市发展历程、城市名人故事、著名历史事件、广府特色美食、岭南民俗民风等，充分展示广州人文荟萃、独具魅力的城市形象。同时，集约红色文化资源保护利用工作，以中共三大会址纪念馆新馆落成开馆为契机，高标准打造红色文化传承弘扬示范区，在保护活化历史文化街区过程中，挖掘各类革命遗址、场馆等红色资源价值。

5）支持市场力量参与，建设有造血功能的可持续社区

一是加强政银企合作。自 2020 年 7 月广州市政府与中国建设银行签订框架协议以来，分类召开专题会议培训，分别与中标施工、物业管理、专营（水、电、气、通信等）、"实施 + 运营"和住房租赁 5 个大类企业进行专场对接，加大银行对企业的支持力度。通过采用"城市更新 + 老旧小区改造""微改造供应链产品应用"和"老旧小区改造 + 住房租赁"三种模式支持项目建设。截至 2021 年 9 月底，广船鹤园小区、广州供电局宿舍、海珠区江海街聚德南片区微改造等 10 个项目，已投放资金 2.62 亿元。二是主动服务参与老旧小区改造的市场主体。市住房和城乡建设局会同中国建设银行广东省分行、广州分行采取以会代训、专题培训等方式，为各区牵头单位和项目实施单位解读金融支持政策、答疑解惑。全方位全链条支持改造整合老旧小区改造所涉及的建设、采购及服务供需多方资源，协助引入优质合作对象，撮合上下游业务合作，搭建供应链服务平台。三是梳理项目定向全程服务。主动全方位梳理纳入改造计划的老旧小区改造项目，对梳理出来的有需求的项目，按照"一项目一团队"架构，组建专门团队跟进具体项目的金融需求，强化产品创新，提供信贷支持，并提出金融政策"宜五条"（宜贷、宜链、宜安、宜智、宜融）。

一、荔湾区泮塘五约微改造

1. 基本情况

泮塘五约位于广州市荔湾区中北部内的泮塘村，被荔湾湖景区三面包围，风景优美；东面和北面临近中山八路和泮塘路，交通便捷。有着 900 多年历史文化底蕴，内部保留有完整清代格局、肌理和典型朴素风貌特征的上岸疍家与多姓宗族共居的乡土聚落。街区现有 1 处省级文物保护单位（仁威祖庙）、2 处区级登记不可移动文物（泮塘五约亭、𤲞遏书舍）和 41 处传统风貌建筑。近年来，通过"绣花"功夫进行房屋修缮、绿化提升、人文风貌保留、文化活化和产业导入，街区重获新生，形成一片广式生活体验区和别具一格的岭南古村新生活聚落。项目作为省"三旧"改造优秀案例入选了文化保护榜，逐步形成"古村 + 文创"街区活化发展模式，助力荔湾区岭南文化核心区建设。

该项目的立项资金约 22 940 万元，分两期实施。2017 年启动，2019 年顺利完成一、二期改造，涉及总用地面积 44 308 平方米，可改造建筑面积 13 872 平方米，楼栋数 654 栋，现已交由荔湾区文化商旅发展中心运营管理。街区已进驻商户 50 家，活化率超过 85%，成为继永庆坊项目外新的网红打卡点之一，迄今已累计接待游客量达 300 万人次。

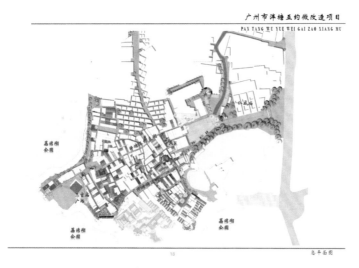

泮塘五约微改造总平面图

（图片来源：广州市城市更新规划设计研究院有限公司泮塘五约微改造项目实施方案）

2. 改造亮点

1）延续和再创岭南特色的历史文化

项目通过街巷格局、肌理强化建筑与庭院的关系，重构聚落空间的格局；通过地方材料与结构的选择性保存与再现，突出建筑的历史价值和空间品质；重新梳理历史建筑名录，重点保护设计及修缮，再串联各个历史建筑，系统成片区地保护和改造，打造成岭南园林式城市客厅，形成"荔湾湖、青砖屋、黑瓦顶、麻石道、古树木、泮塘人"的城市田园式风光。为保护和传承街区北帝诞、祭祖、舞狮、庙会与庙祠、龙舟竞技等文化遗产，通过举办"三月三北帝诞""五月五龙船鼓""春节水上花市"等传统节庆和民俗活动，开辟三官庙作为村内舞狮等节庆活动场所，荔枝湾涌与荔湾湖作为龙船赛道，展示以数千年血缘关系为纽带的宗庙文化和疍家民俗，全力打造民俗文化节庆品牌。

2）融入文化，引入业态，打造"西关风情大观园"

泮塘五约在业态设置上秉承环保轻餐、小众多元、个性差异、集锦荟萃的理念，积极接洽优秀传统文化资源，引入国家一级音乐家吴颂今、著名北派书画艺术家李长松、岭南盆景大师李伟钊、香艺大师童童以及木雕、漆器等行业非遗传承人等名家工匠工作室进驻，分类分批引入优质的艺术家工匠作坊、新青年艺术创作工作室、传统文化展示交流空间等传统现代相结合的业态资源。其中以茶艺香道、漆艺玉雕、古琴汉服等业态推动传统文化传承复兴，以书店青旅、绘画摄影、健身轻餐和现场音乐（live house）等业态为街区注入年轻时尚新活力，形成传统文化和现代文化共融共生的多元业态环境，由此孕育出独特的文化生态系统，重塑再现老城区的文化形象。目前，街区已进驻商户50家，活化率超过85%。

3）改善人居环境，提升幸福指数

在维持泮塘五约现状格局基本不变的前提下，以微改造的方式对建筑物进行局部拆建、功能置换、保留修缮，对周边环境进行整治，保护现有历史文化资源、完善基础设施，以此实现片区的改造和更新。遵循"修旧如旧"的原则，坚持老旧小区微改造与环境品质提升相结合的思路，通过拆除连片危房，开展房屋立面修缮及路面翻新改造，修缮三官古庙等历史建筑，恢复龙脊麻石巷、古树名木、牌楼坊门、历史水系等历史景观要素，重现泮塘地区岭南水乡特色风貌；着力加强社区集市、老幼活动中心、便民公厕、医疗站点等项目建设，因地制宜打造宜居空间，提升村落居住条件，恢复传统公共活动空间功能，逐步解决村落居住建筑通风、采光、防潮等问题。

4）搭建全社会参与平台，实现社区的共谋共建

街区采取"公共治理"的理念，搭建起"政府主导、市民参与、专家参谋、媒体引导"的全社会参与平台，促进居民与政府以及设计的沟通和理解，强化地方认同与文化凝聚，有效整合各种资源，共谋泮塘文化活态传承与未来旅游发展相结合的共赢发展。依托传统民俗活动，探索共建共治共享治理模式。联合街区居民群众、商户资源举办"云上西关，秀美泮塘"线上联欢会、"云相约、逛老街、寻年味"直播等多层次线上迎春文化活动，打造西关特色的泮塘邻里花园，用彩绘重现本地民居的生活点滴，营造浓厚的邻里文化氛围。邻里花园的绿植由街区商户认领主动承担维护，共同参与街区治理。

"共同缔造"活动
（图片来源：广州市荔湾区泮塘五约居民"共同缔造委员会"）

华林御宇楼

涌边街 18 号

泮塘咖啡厅

泮塘舞蹈室

绿至小院改造前

绿至小院改造后

趣空间改造前

趣空间改造后

本页图片来源：广州市城市更新规划设计研究院有限公司。

三官庙前街改造前

三官庙前街改造后

1200 书店前广场改造前

1200 书店前广场改造后

三官庙广场改造前

三官庙广场改造后

二、洪桥街应元路周边老旧小区微改造

1. 基本情况

　　洪桥街应元路周边老旧小区微改造项目主要包括广州市洪桥街北部的两个社区：三眼井社区和洪庆坊社区。项目改造的范围南起大石街，北至越秀公园，东临小北路，西沿吉祥路至中山纪念堂。项目改造面积约为 16.13 公顷，项目总投资为 2 990.33 万元，其中，市财政出资 2 392.26 万元，区财政出资 598.07 万元。

本页图片来源：广州市城市更新规划设计研究院有限公司。

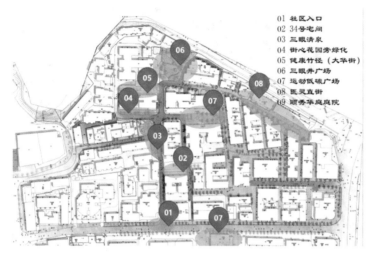

洪桥街应元路周边老旧小区微改造项目总平面图

伴随旧城区的改造，以往的工厂、商店均已搬迁或者关闭，导致大量职工回到了街道社区，从"单位人"变成了"社区人"。在周边地区快速发展的城市化进程下，街道社区建筑布局结构不合理、卫生状况差、安全隐患等问题日渐突显，再加上缺乏物业管养，社区居住环境问题丛生。

项目于 2019 年 4 月纳入微改造计划，2021 年 6 月完工。2021 年 1 月 16 日，洪桥街道办事处与润高智慧产业有限公司签订合作框架协议，项目竣工移交街道后将由润高智慧产业有限公司开展智慧社区建设和跟进项目后续管养工作。

2. 工作亮点

1）补短板，坚持问题导向，解决社区民众需求

围绕"水、路、电、气、消、垃、车、站"等要素，修缮老旧小区基础配套设施、公共服务设施，解决社区"三线三管"和雨污分流问题。通过房屋建筑修缮、"三线"整治、道路修复铺装、道路照明设施完善等整治提升工程，实现社区景观优化，打造干净舒适的社区空间。融入"海绵城市理念"，如道路铺装时选择透水性强的材料，社区公园的集水井、花基底部采取非硬底化处理，公园内部道路铺设小粒鹅卵石。

2）强公共服务，完善公共配套，推动智慧服务提升

突出公共服务，设立系列惠民、便民设施。增加公共空间休憩、亲子活动功能，减少城市公共设施对公共空间的占用；完善无障碍设施，移坡道，加扶手，减少台阶、缩小高差，充分满足社区不同年龄层次居民的日常生活需求。通过打造电信 5G 智慧

本页图片来源：广州市城市更新规划设计研究院有限公司洪桥街应元路周边老旧小区微改造项目实施方案。

社区平台，积极引入智慧管理元素，设置社区便民服务一体机终端，为居民提供税务、民政等便民服务，形成随时随地随心办的社区服务网络。引入视频监控、智慧烟感等新技术设备，既实现了社区的智能化管理，又提高了社区治理和服务的智慧化水平。

3）续文化，坚持文化传承，唤醒社区文化活力

注重挖掘洪桥街历史，通过浮雕墙、主题公园等多种方式讲述街名巷名社区名的来历、历史典故、人物故事，打造三眼清泉景观，传承洪桥街的"贡院文化""客家文化"，增加社区居民的归属感和认同感。同时，举办"寻坊簧桥——洪桥街艺术介入微改造工作坊"，以艺术、设计、美育作为社区文化发展创新的起点，通过多样化、多载体的艺术行动和设计作品，推动居民参与到社区环境优化美化和社区治理中来。

洪桥街艺术介入活动海报及活动现场照片

本页图片来源：广州市城市更新规划设计研究院有限公司。

4）重管养，推动共同缔造，聚力老旧小区改造

社区大力统筹党建引领、志愿服务、文化团队等服务资源，升级打造1 500平方米的社区党群服务站，内设有党群展示厅、两代表一委员工作室、志愿者服务台、新时代文明实践站、健康驿站、区图书分馆等服务阵地，将党群服务、政务服务、托老服务、便民服务等各类服务有效整合，让党员和群众在家门口就能找到党组织，享受温馨服务。社区围绕老旧小区无物业管理、无维修管养经费等实际问题，引进专业物业管理公司，因地制宜采取专业物业管理，建立长效管养工作机制，切实形成一次改造、长期保持的管理机制。

居民议事会

社区主入口改造前

文化广场改造

社区主入口改造后

本页图片来源：广州市城市更新规划设计研究院有限公司。

健身广场改造前　　　　　　　　　　　　　　　健身广场改造后

三眼井科普广场改造前　　　　　　　　　　　三眼井科普广场改造后

三、天河区德欣小区微改造项目

1. 基本情况

　　德欣小区位于广州市天河区，近邻天河路商圈，属天河南街道办事处天河东社区居委会管辖，始建于20世纪80年代末，占地面积4.5万平方米，共有楼房17栋，54个楼梯口，1 087户，常住人口约4 215人。改造前的德欣小区基础设施陈旧、公共配套缺乏，环境脏乱差现象严重。2017年12月，德欣小区被列为住建部在广州的老旧小区改造试点项目之一，2018年6月已完工，项目总投资约2 508万元，在改造中积极创新思路，以党建为引领、完善基层治理，积极打造"共谋、共建、共治、共享、共管"的新型美好社区。

本页图片来源：广州市城市更新规划设计研究院有限公司。

德欣小区改造总平面图

项目改造以来,共拆除各类违法建筑、违规招牌雨棚701平方米,整治"住改仓"56家,清运淤泥、杂物及历史垃圾410多吨,清理沟渠2 000米,疏通化粪池及下水道350处,平整铺设路面1.3万平方米,铺设透水砖7182平方米,增设监控30个,增加公共休闲用地1.2万平方米,加装电梯5台,清理各类飞空"三线"6.2万米,铺设地下管线8.6万米,实现"三线"全部下地。新增了"长者饭堂""便民生活服务点"等一批公共服务配套设施。

2. 做法与亮点

1)坚持以人民为中心,推进老旧小区改造

德欣小区专门成立建管委,推选党小组长、楼栋长,并组织召开居民代表大会、

党员大会、车主协调会。开设社区改造专栏，及时发布各类告知书、温馨提示和施工进展，最大程度争取居民群众的理解和支持。在改造过程中，逐家逐户、逐店逐铺上门派发《老旧小区微改造内容、标准及意见建议征询表》《公共部位渗漏摸查统计表》等，进行宣传、改造需求调研，征询意见建议。

2）坚持以党建为引领，推进社区基层治理创新

建立社区党群服务平台，开展党员教育服务管理；建立社区公共服务平台，把民政、计生、居住证办理等政务纳入公共服务范围；建立民主协商议事平台，由居民对小区热点、难点问题进行商议决策；建立社区文化活动平台，提升社区人文素质。梳理居民需求，细化 70 多个服务清单。针对 60 岁以上老人，实施"一人一档一策"的适老化服务，定时电访、上门探访、关爱慰问等，深受居民好评。

3）分步改造、补齐短板，提升人居环境品质

简化工作流程，严抓工程质量。德欣小区采取工程总承包（EPC），设计、施工一次性招标模式，以"通、修、补"来提升人居环境品质。一通：通过停车空间的整理及主要节点改造，打造单行环状机动车行车空间，保障消防安全通道，实现人车分流。增加独立慢行空间，打通断点，构建"点＋线"的慢行体系，优化无障碍通道。二修：改造公共活动空间，集中活动场所，增加配套服务设施。改造宅前广场，优化通行与休息场地，优化硬质场地。对建筑物外立面、防水层、遮阳棚、梯门口、楼道等进行修补，对井盖、散水、照明设施、电力管沟盖板进行修补，同步实现"三线"下地。三补：消除安全隐患，每个楼道配置消防设施。小区内增设垃圾分类设施及监控设施等。

小区停车场改造效果　　　　　　　　　　　小区公共活动空间改造效果

小区便民生活服务点改造效果　　　　　　小区公共活动空间改造效果

道路及停车场改造前　　　　　　　　　道路及停车场改造后

儿童活动空间改造前　　　　　　　　　儿童活动空间改造后

居民健身活动中心改造前　　　　　　　居民健身活动中心改造后

本页图片来源：广州市城市更新规划设计研究院有限公司。

第七节　合肥实践案例

按照国务院推进城镇老旧小区改造工作的指示精神，紧紧围绕住建部改造试点要求，结合合肥实际，聚焦探索体制机制，制定优化现行政策，着力改善居住条件，工作进展情况如下：

一是高位推动，常抓不懈。市委、市政府将城镇老旧小区改造作为重要的民生工程和发展进程，列入市政府工作报告，摆上突出位置去抓。

二是部门联动，分工作战。成立由市长为组长、分管副市长为副组长的领导组。构建完善"市级统筹指导、各地政府为责任主体、县（市）区住建部门为实施主体"的责任体系，一级抓一级，层层抓落实。逐一明确县（市）区政府、开发区管委会、牵头部门和 18 个市直配合部门、9 个国有专营企业老旧小区改造职责及清单，将改造责任细化、实化、具体化。市房产局作为牵头部门，统筹各项试点机制研究，适时制定完善相关政策，指导各地组织实施。

三是完善规划，提标扩面。按照"成熟一个、改造提升一个"的要求，谋划一批、储备一批、滚动推进实施。采取"自下而上、街区摸底、住建部门核实、属地政府确认"的方式，在充分评估财政承受能力后，编制《合肥市 2021—2025 年城镇老旧小区改造提升专项规划》，制定了《合肥市老旧小区内部管线治理工作计划》，细化工作内容，规范治理时限。

四是民主决策，共同缔造。积极引导各地，在前期摸底、方案设计、改造实施、验收评价、后续管理等各个环节，充分征求居民意愿，改不改、改什么、怎么改都由群众说了算。改造前问需于民、改造中问计于民、改造后问效于民，有效激发了小区居民参与改造的热情，使居民从原本不关心小区建设的"局外人"，成为小区改造提升的"主人翁"，真正实现共建共治共享，群众满意度较高。

五是协同募资，合理共担。将基础类改造项目的财政补助资金标准提高到 400 元 / 平方米，市、区两级财政仍按 6 : 4 承担。同时将财政补助资金覆盖到四县一市，市与四县一市财政按 3 : 7 分担。制定《合肥市通信设施迁改补偿暂行办法》和《合肥市通信设施迁改补偿暂行办法实施细则》，明确通信企业承担弱电设施迁改按 50% 比例出资。依据安徽省住房和城乡建设厅等部门《关于支持社会力量参与老旧小区改造的通知》，印发《合肥市城镇老旧小区改造提升市级补助资金使用管理暂行办法》，明确创新模式、配套政策和保障措施。91 个改造项目发行地方政府非标专项债券 6 亿元。与中国建设银行签署战略合作协议，6 年内，中国建设银行将向合肥市提供 100 亿元贷款，以最低利率支持市场力量参与未来老旧小区改造。引导居民个人出资，电力、燃气、供水一户一表改造、加装电梯（除政府补助资金外）等，由居民共担成本。

六是优化政策，创新机制。编发《合肥市城镇老旧小区改造提升工作实施意见》，通过机制创新，持续推动老旧小区改造。编制了《合肥市城镇老旧小区改造提升技术导则》和《合肥市既有住宅加装电梯技术导则》，通过刚性约束，规范市场运行。修改《合肥市既有住宅加装电梯工作实施意见》部分条款，电梯加装提速增量。发文《关于规范既有住宅加装电梯工作的通知》，进一步规范电梯加装行为，杜绝借加装电梯之名行扩大个人住宅套内使用面积之实。

安庆路 97 号住宅楼老旧小区改造

安庆路 97 号住宅楼属于老旧小区，位于安庆路与六安路交口附近，属沿街老旧小区，无物业管理。该住宅楼群共计楼栋 3 栋、占地 1 845.89 平方米，总建筑面积 1.06 万平方米，共有住户 138 户，居民约 220 人。该小区外墙及楼道内的强、弱电线路杂乱无序，存在安全隐患，影响市容。为解决这一问题，按照"能入地的线路入管入地，不能入地的线路捆扎规整"的原则，辖区住建部门会同城管、街道及强、弱电产权单位分工协作，共同负责线路改造项目的推进。

庐阳区住建局作为整治工作牵头单位，负责编制小区墙体（及楼道）强、弱电线路安全改造整改方案，实施小区强弱电线路改造工作。逍遥津街道负责协调住户配合建设单位完成整治施工任务，协助产权单位和区直相关部门做好整治工作，加强常态化巡查督查，杜绝新增乱象。庐阳区城管局负责编制安庆路架空管线整治方案，办理安庆路道路破复手续，督促产权单位完成弱线入地。供电公司负责楼道电表箱更换，沿街楼栋强电线路规整。线路产权单位（合肥电信、联通、移动、有线电视、长城宽带、智能监控运营商）负责配合区住建局进行方案编制，组织专业施工队伍按照方案要求实施线缆线材的敷设连接、箱体安装和废线拆除等整治工作。

外立面改造前

外立面改造后

楼道内改造前

楼道内改造后

第八节　沈阳

沈河区多福小区改造

　　老旧小区改造是重大民生工程。为加快推进沈阳市老旧小区改造，实施幸福生活和美好环境共同缔造，使老旧小区居民的居住条件和生活品质显著提升，社区治理体系趋于完善，让人民群众生活得更方便、更舒心、更美好，沈阳市开展了居民小区改造提质三年行动计划（2018—2020 年），多福小区列入了 2019 年改造计划。

1. 基本情况

　　辽宁省沈阳市沈河区多福小区位于沈河区大南街 353-1 号，东南起东滨河路，西至大南街，北至文艺路。该小区 1980 年建成，建筑面积 11 万平方米，共有住宅楼 19 栋，77 个单元，居民 2 076 户，7248 人，隶属于滨河街道办事处多福社区。

　　2019 年，多福小区纳入改造范围，改造内容包括房屋本体、配套设施、环境整治、服务设施 4 个大项 27 个小项，投入改造资金 1 100 余万元。

多福小区改造内容

2. 主要做法

1）科学谋划，问需于民，合理确定改造项目

为使改造项目达到居民满意，滨河街道办事处成立了"多福小区改造工作小组"，小组由办事处城管主任、社区书记和居民代表组成，通过下发"改造项目征求意见表"和"致居民一封信"的形式广泛征求了居民意见，并将居民意见进行逐条汇总。同时，对园区重点改造项目社区又组织居民代表召开了议事会议，对改造项目进行了表决。设计单位根据居民意愿和表决结果开展设计工作，对小区环境特点、人文背景、建筑本体、绿化景观、交通设施、照明监控、地下管网等项目形成设计方案，并在园区内公示设计方案，进一步广泛征求居民意见，请居民"点菜"，让居民"暖心"。

征集居民意见

2）公开透明，强化监管，实现居民共谋共建

一是建立公示制度。改造前，在园区内设立了公示牌，施工内容包括施工、监理单位电话，市区两级监督电话和改造项目等。此外，施工所使用的建筑材料也一并进行了公示，以便居民监督。二是建立了居民监督制度。多福小区在改造中成立了"小区改造居民义务监督小组"，监督小组由园区人大代表、政协委员、老党员、居民志愿者组成，负责监督小区改造过程中的工程质量、现场管理等事项，共同参与老旧小区改造，监督改造工程进度、质量、文明施工和安全生产，在家门口随时监督老旧小区改造工程质量。三是强化质量监督。在改造施工中，聘用了项目管理公司，加强对监理单位、施工单位的日常监管，多福小区房屋本体和市政设施改造项目各安排一名监理人员，实行了旁站式监督管理，实时对工程质量进行严格监管，严格按照相关规定，切实落实好监理责任。工程完工后，开展了"回头看"，要求施工单位对工程质量重新排查，对自查和居民提出的质量问题全部进行了整改。四是推行民意验收。工程竣工后，采取了专业部门验收和民意验收相结合的方式，建设单位组织街道办事处、社区、居民代表、监理单位到施工现场进行验收测量，并对测量结果进行签字确认，居民代表不签字，工程就不能结算。居民从原本不关心小区建设的"局外人"，变成了为小区建设贡献力量的"主人翁"。

3）融入文化，突出特色，注重历史传承

多福小区在改造中，将文化理念融入改造中。根据名实相符的原则在改造中拆除三个老旧车棚，重新建设了"居民之家"和"百姓乐园"，园区建有多福门、迎福墙、祈福石、聚福亭、福临广场、福田广场等，以此最大限度突显福文化的特色和亮点元素。多福小区文化特色建设，是市委市政府开辟出的一条改善居民生活、增进居民福祉的民生路径，独具特色的文化内涵、标志建筑，吸引着广大群众积极参与，增添了居民对文化的认同感、对家园的归属感、对生活的幸福感。

4）党建引领，整合资源，打造完整社区

为巩固多福小区改造成果，建立长效管理机制，逐步引导居民分类实施规范型、基础型、托底型管养模式，逐步提升后续物业水平。同时，将老旧小区改造和管理与加强基层党组织建设、社区治理体系建设有机结合起来，通过"决策共谋、发展共建、建设共管、效果共评、成效共享"，绘就老旧小区改造的最大"同心圆"。总书记视察多福小区时提出了"与邻为善、以邻为伴"的八字方针。以福文化为特色的多福小区，通过实施"党建引领，福连人心"工程，共建"福文化"精神家园，凝聚各方参与社会治理，丰富了社区服务供给，提升了居民生活品质，建设了百姓乐园、居民之家、卫生服务站、养老院、幼儿园、幸福体验馆等社区服务设施，探索形成了"党建引领、文化铸魂、多元参与、社会协同"的共建共治共享的基层社会治理新格局。

道路改造前后对比

房屋主体改造前后对比

楼道粉饰改造前后对比

居民验收

改造后的效果

第九节　鞍山

鞍山市是老工业基地，老旧小区存量大、分布广，改造提升任务复杂而艰巨。从2019年开始，鞍山市全面启动老旧小区改造工作。鞍山市委、市政府高度重视改造工作，加强老旧小区改造顶层设计，积极创新体制机制，探索形成了"一条主线、两个抓手、四项机制"的工作思路，即以"幸福生活共同缔造"为主线，紧紧依托党建引领、全方位宣传两个抓手，形成统筹协调机制、项目生成机制、长效管理机制和工程推进机制，逐步走出了具有鞍山特色的旧改道路。截至2020年底，鞍山市老旧小区已实施改造项目48个，其中2019年25个、349栋、121.78万平方米，2020年23个、747栋、250.64万平方米。目前，2019年25个项目全部完工，2020年和2021年项目已全部开工，越来越多的老旧小区焕然一新。

铁西区共和小区

铁西区共和小区始建于20世纪90年代，共有居民楼78栋，总建筑面积24.6万平方米，涉及居民5 157户，总投资8 190万元。

作为鞍山市老旧小区改造重点项目之一，从宣传动员、入户调查、征求民意到修缮项目、改善环境，再到物业管理、8890幸福驿站社会服务功能提升，该市将改造工程打造成系统工程、民心工程。该项目的主要改造内容包括屋面防水、外墙保温、内部修缮等楼体工程，道路改造、管网更换、安防监控等基础设施改造工程，绿化补植、庭院照明、8890幸福驿站。改造后，一个基础设施更加完善，配套设施更加齐全，服务功能更加便捷的"安全、便民、绿色、整洁、有序"的幸福家园呈现在人们面前。

1. 党建引领凝聚合力，共同缔造全程参与

共和小区自改造工作开展以来，坚持以基层党组织为核心，以党建引领基层治理、全方位宣传改造为抓手，稳步推进试点小区治理提升。

1）党建引领凝聚民心

共和小区成立城区、街道、社区三级工作专班，创建"社区大党委、小区党支部、楼院党小组、党员联络员"四级管理模式，吸纳社区工作者、专家、志愿者和小区居民党员代表参加，不断发挥基层党组织凝心聚力的作用，形成共建共治管理模式。

征询百姓意见

2）全方位宣传汇聚民意

小区改造宣传先行。共和小区充分利用电视、报纸、广播、网络等媒体进行集中宣传，使改造工作家喻户晓，通过张贴标语横幅、设置宣传栏、发会单等形式，营造改造氛围，号召广大居民参与到改造中来。临时党支部组织社区志愿者入户调查，发放征求意见表，给居民提供菜单式服务，哪些地方需要、怎么改，既要根据具体情况予以确定，更要体现居民意愿，真正体现改造工作因民所需，体现民意。

3）全程参与共建共享

小区临时党支部通过座谈、走访、调研等方式积极搭建沟通议事平台，临时党支部充分发挥协调引领作用，改造前期宣讲改造政策，改造中期及时化解拆违矛盾，改造后期集中解决难点热点问题，积极为改造建言献策，成为政策宣讲员、民情观察员、施工维护员、工程质量监督员，促进改造工程全民共建共享。

4）统筹协调形成合力

鞍山市成立以市长为组长，34个单位部门为成员的老旧小区改造工作领导小组，合力推进改造工作。小区内涉及煤水电气暖管线同步改造，实现改造项目楼内楼外、地上地下统筹推进，公安雪亮工程进社区，民政养老政策惠及小区改造，体育设施等优先投放，实现资源政策共享。

2. 保障型物业巩固成果，多主体参与建立长效机制

共和小区破解老旧小区长效管理难题，坚持小区改造与物业管理同步推行，选择国有企业实行保障型物业管理，提升宜居品质，巩固改造成果。

1）出台旧住宅小区综合管理实施意见

开放式老旧小区环境卫生差、管理无序问题一直是社会关注重点，也是投诉平台热点，鞍山市以问题、需求和效果为导向，出台旧住宅小区综合管理实施意见，通过建立各级政府管理机构和联席会议，积极推进部门职责进小区，自愿选择服务主体和服务模式，简化选聘管理服务主体程序，着力解决决策难、维修难、服务差问题。

2）积极引入保障型物业服务

共和小区将"群众选择"作为一切工作的出发点，采取民主票选方式引入国有物业企业，实行保障型物业管理，物业公司采取"先来干，百姓看，再收费"的方式，逐步得到居民认可，使这个有着 30 余年历史的老旧小区，从此有了服务"大管家"，社区治理水平得到提升。

3）建立多主体参与长效机制

在改造中，共和小区同步建立小区党组织领导、居委会、物业管理公司等多主体参与的小区管理联席会议机制，结合百姓最为关心的安全、卫生、绿化、停车管理等痛点和难点问题协商管理方案，实现了小区基础设施有人维修、绿地花草有人养护、小区大门有人看管、停车秩序有人规范、消防安全有人守护的目标，共同维护老旧小区改造成果有了机制性保障。

3. 整合资源深挖潜能，提升百姓幸福指数

共和小区积极研究存量资源整合利用，以鞍山市政府"春风行动"为契机，市场化运作全力打造 8890 幸福驿站社区综合服务体系，提升百姓幸福感。

1）打通便民服务"最后一千米"

鞍山市大力发展社区经济，深挖城市潜能，在城区建设 65 个 8890 幸福驿站和 3 个养老示范指导中心，形成一个含商超、医养、金融服务、保险服务、物业服务和社区广告的服务运营网络，统一模式、统一运营、统一管理，为社区百姓提供完善的服务，打通服务群众的"最后一千米"。

2）特色服务满足居民多种需求

共和小区根据小区基本情况和周边商业配置，有选择地植入 8890 幸福驿站功能，在原有党建服务和事务服务两个板块的基础上，目前又新增诉求办理、贫困帮扶、便民服务、医养结合、金融服务五大板块，全力推动小区经济发展，满足群众服务需求。通过积极搭建线上、线下服务互动平台，为小区居民提供家门口的"菜篮子""米袋子""肉案子""药箱子""钱匣子"，把小区打造成联系服务群众的"幸福驿站"。

 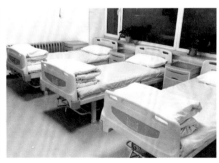

政务便民中心　　　　　　　　　　　　社区康养中心

第十节　丹东实践案例

　　2020 年以来，丹东市认真贯彻落实国家、省、市关于做好城市更新改造的相关部署，把老旧小区改造共建工作作为重要民生工程，坚持以人民为中心的发展思想和"政府主导、群众参与、党建引领、共享"的工作思路，把群众需求和满意作为老旧小区改造的出发点和落脚点。

元宝区泰和花园小区

　　泰和花园小区改造面积 6.8 万余平方米，涉及 18 栋楼、39 个单元，惠及群众495 户，总投资 1 790 余万元。

1. 加强顶层设计，统筹协调推进

　　一是明确改造目标。按照"实施一批、谋划一批、储备一批"的原则，制定《元宝区 2020—2022 年城市更新改造工作方案》，明确集中力量利用 3 年时间对全区2000 年以前建成的 56 个老旧小区和 32 个区管背街小巷进行改造提升，泰和花园小区优先作为样板工程进行打造。

　　二是确定改造内容。坚持问需于民，改造前，采取发放入户走访、微信群征集、居民议事会等方式，充分征求居民的建议，确保有限的资金用在"刀刃"上。同时，区分轻重缓急，确定 2020 年率先对 16 个老旧小区进行改造，改造面积 43 万余平方米，惠及群众 6 745 户，总投资 9 000 余万元，其中争取中央预算内投资 7 000 万元。改造内容包括屋面防水、外墙保温粉刷、楼道门窗更换、楼道粉刷、下水管网改造、护栏维修、管线落地、庭院绿化等方面。调研过程中，针对泰和花园小区老年人较多，对加装电梯需求迫切的实际情况，在综合考虑多方面因素的基础上，确定把泰和花园小区作为今年本区老旧小区改造工作的试点小区，突出特色亮点，全力以赴打造示范工程。

改造前后对比

三是强化组织领导。元宝区委、区政府主要领导高度重视，把老旧小区改造工作作为当年区政府十大民生实事之一，多次组织区住建局、区城建集团、街道、社区等部门单位，就老旧小区改造及改造后的长效管理进行研究部署，明确各自职责分工，并深入实地协调解决存在的问题和困难。成立元宝区老旧小区改造工作领导小组，对改造工作计划申报、资金等重大事项进行统筹安排，形成工作合力，共同破解难题，确保改造工作取得实效。

2. 坚持党建引领，破解改造难题

一是成立小区党组织。针对居民参与改造的积极性不高问题，充分发挥基层党组织的引领作用，元宝区委组织部指导，街道党工委、社区党委牵头在泰和花园小区成立小区党支部，支部委员由政治素质高、群众威望高的老党员担任。并推行支部委员与业主委员会成员"交叉任职"，在政府与小区业主之间搭建起桥梁纽带，让居民在党组织的领导下主动参与到改造工作中，发挥居民主体作用。

二是全力做通居民思想工作。在老旧小区加装电梯需要所有业主点头同意，而实际工作中，常常因为高层与低层住户对电梯的需求程度不同，一些住户对如何保证安装费用合理分摊、电梯是否影响自家采光、电梯后续维护是否跟得上等方面存在疑虑，使加装电梯无法顺利推进。为了打消居民的这些疑虑，小区党支部和业委会积极发挥作用，把项目建设主体、实施主体、设计单位、街道、社区、居民代表都召集起来，搭建起沟通平台。经过数次召开会议和多次入户走访，居民的疑虑得以消除。

三是建立加装电梯资金政府与居民共担机制。加装电梯每户出资多少，是居民关注的焦点。元宝区在政府全部承担屋顶防水、墙体保温、楼道门窗封闭、下水管网改造、步道砖铺设、管线落地、庭院绿化等基础配套设施和楼体改造资金的基础上，进一步加大政府支持力度，并按照"谁受益，谁出资"原则，采取加装电梯资金由政府与居民合理共担的方式予以推进，即居民通过集资承担每部电梯及配套设施费用，约30万元，政府承担每部电梯基础施工、管线迁移、土建拆除与恢复、楼道间修复等费用，约15万元，有效减轻了居民的经济负担，大大提高了居民加装电梯的积极性。

四是合理确定居民分摊比例。为确保居民分摊资金公平合理，街道党工委、社区党委积极引导，小区党支部和业委会仔细筛选资质、口碑较好的电梯公司，带领业主通过招标投标方式确定合作对象。充分借鉴外地成功经验，充分吸纳居民合理意见，制定了居民均满意的资金分摊方案。针对贫困家庭加装电梯的意愿较为强烈，而又无力承担费用的情况，小区党支部一方面发动党员带头捐助，另一方面与电梯公司协商，采取分期付款的方式交费，缓解了贫困家庭的经济压力。

3. 完善功能设施，提升生活品质

一是实施"一揽子"改造。积极与供水、供热、供气等相关单位进行沟通，与有改造计划的同步进行，避免再出现重复施工、"拉链式"改造的情况。针对老旧小区线缆纵横交错的"蜘蛛网"现象，经过与电力、通信、网线、有线电视等相关单位研究协商，实行线缆强弱分离、拆除废旧、合理落地、入管入盒，使整个小区变得更加有序、整洁、美观。

二是建设"海绵"小区。结合"海绵城市"建设要求，对泰和花园小区进行雨污分流改造，增设了1 100平方米的透水步道砖，有效缓解了小区道路排水不畅、雨季积水内涝等问题。

三是打造智能化小区。小区原有大门年久失修、缺少门禁，在此次改造中，增加了行车道闸、门禁等配套设施，为规范小区管理提供了重要保障；增设50盏太阳能路灯，彻底解决了居民夜间"出行难"问题；增加电子屏、报刊栏等基础设施，丰富了居民的文化生活；安装2台电动汽车充电桩，满足了居民的充电需求。

四是建好党群活动场所。坚持老旧小区改造与小区党群活动场所同步规划、同步建设，把面积约200平方米的泰美社区原办公场所重新装修，作为泰和花园小区党群活动场所，进行标准化设置，营造浓厚的党建氛围。并为小区党群活动场所配备了打气筒、轮椅、助行器等便民服务工具，党支部服务能力不断提升。

4. 强化长效管理，巩固改造成果

一是引进专业化物业管理。泰和花园小区党支部与业委会引导居民通过自主协商，以招标投标方式，选聘在丹东具有较高声誉的物业公司入驻小区，对改造后的小区进行专业化物业服务管理，避免小区因后期失管漏管再次反弹为老旧小区。

二是推进网格化管理。以元宝区开展的"党群一张网、服务叫得响"党建引领基层社会治理创新工作为契机，将泰和花园小区划分为5个网格，选聘5名网格员，主要承担政策宣传、信息采集、民生服务、应急处置以及党委、政府交办的临时性工作等职责。区委、区政府建立网格员工作补贴、通信补贴和保险保障机制，推动网格员在小区治理中真正发挥出上传下达、管理服务、化解矛盾纠纷等作用。

第十一节　太原实践案例

迎泽区老军营小区

山西省太原市迎泽区老军营小区始建于 1982 年，是太原市建成最早、占地面积最大的老旧小区，面积约 1.43 平方千米。辖区内有 77 个院落，157 栋楼，12 条小街小巷，总户数 7 211 户，2.23 万余人。省市级驻地单位 27 家、商铺门店 356 家，网红小吃店多，加之幼儿园、小学、初中及医院也都在小区范围内，人口流量、密集度非常大。老军营小区经过 38 年的岁月变迁，加之年久失修、缺乏物业管理，基础设施老化破损比较严重，地下管网老化问题频出、交通秩序混乱，电缆电线如蜘蛛网般凌乱，道路坑洼不平，院落杂树丛生，设计规划不合理等问题日益凸显。居住环境"脏乱差"成为居民心中的痛点和影响城市形象的短板。居民对改善生活环境、提升居住品质的愿望十分迫切。

南区院落改造前后对比

加装电梯　　　　　　　　　　　　　　　智能充电站

健身步道　　　　　　　　　　　　　　　　垃圾分类投放点

　　为顺应群众期盼，改善居住条件，太原市迎泽区认真贯彻落实党中央、国务院关于城镇老旧小区改造工作的决策部署，2019 年 7 月，老军营小区被列入老旧小区综合整治重点项目，将老军营老旧小区改造工程作为民心工程、重点工程。改造中坚持党建引领，合理整治，注重从居民群众的需求出发，用实际行动践行初心使命，助力小区改造工作顺利进行。改造共分两个阶段完成。第一阶段为 2019 年 7 月至 2019 年 11 月，完成了图纸设计、违建拆除、管网改造等工作，为下一步改造奠定了基础。第二阶段为 2020 年 3 月至 2020 年 9 月，重点整治基础设施、道路硬化、交通序化、环境绿化、游园建设、既有建筑节能改造等工作。共拆除违建 1 035 处、16 447 平方米，改造市政道路 19 473 平方米，雨污分流 2 363 米，弱电管网改造 11 460 米，新增绿地 21 005 平方米，活动空间 15 处，铺设沥青路面 60 027 平方米，铺装便道 41 998 平方米，管网更换 9 762 米，设置潮汐车位，新增停车位 1 000 余个，新增电动自行车存放区 28 个，设置垃圾分类点 28 个，设置彩色健身步道 500 余米，既有建筑节能改造一期完成 117 栋、约 41 万平方米。

　　改造后的小区，呈现出林荫步道慢跑区、健身锻炼区、景观游园区、生活休闲区、活动娱乐区、网红商铺区、接送点缓冲区、垃圾分类区等多个功能区域，是品尝太原特色小吃的网红打卡地。同时将物业管理引入社区治理，构建治长效、管根本的"常态化管控体系"，形成党建引领、政府引导、市场服务、居民群众广泛参与的老旧小区环境长效治理格局。让居民足不出户享受到"桃花源"式小区带来的喜悦感、幸福感、归属感、认同感，实现由"脏乱差"到"美净齐"的"逆生长"，成为老城新韵、首善迎泽一张美丽新名片。

第十二节　常德实践案例

津市市万寿苑街区

1. 项目简介

　　万寿苑街区改造项目范围是东至凤凰路、西至万寿路、北至银苑路、南至车胤大道的合围区域，总面积约 30 万平方米，共 3 000 户住户，近 7 500 名居民，共 185 个独楼独院聚集相邻。此区域总体存在人口居住集中、老龄人口较多、建筑设计落后、基础配套薄弱、房屋年久失修、服务管理缺失等突出问题，居民改造意愿非常强烈。

2. 改造内容方面

　　万寿苑街区作为津市老旧小区改造示范点，汪家桥街道从解决民生"痛点"入手，以微改造见大成效为导向，实施区域互联互通、实现共建共治共享。

改造前后道路对比

3. 群众工作方面

　　1）坚持方案共定，提供改造菜单

　　全面开展入户走访，实施线上、线下问卷调查，精准把握居民需求和意愿，形成"问题类、完善类、提升类"三张清单。

　　2）坚持问题共商，破解拆违困境

　　在街区成立"自改委""街坊议事厅"，让居民的事居民议、居民管。所有"违建、临建"已基本清零，实现了零强拆、零阻拆。

　　3）坚持氛围共造，缔造美丽街区

　　邀请社区"草根领袖"成立街区"营造社"，举办"美丽街区，和谐家园"系列论坛 20 余场，形成了居民"守望相助"的新邻里关系。

4）坚持全域共建，力求预期圆满

全程候对接设计方案，确保项目一改到位。及时调解问题矛盾，确保项目一推到底。组建"街区监事厅"，实施全程跟踪监督，确保项目一丝不苟。

全力打造全民共治共享的建管新模式

4. 资金筹措方面

1）财政直接投资

积极向上争取项目资金，用于公益性基础设施建设。

2）鼓励群众出资

动员群众出工出力出智出物，引导居民参与小区共建。

5. 后期管理方面

引进物业管理，建立党建引领下的"1+6+N"居民自治管理模式，充分引导居民"做主人不当看客"。"1"即"街区自治管理委员会"，统筹管理街区事务；"6"即"全科社工队、街坊议事厅、街区监事厅、街区调委会、新时代文明实践志愿服务队、物业服务公司"；"N"即驻街区行政事业单位和社会组织，共同参与协调街区事务管理。改变居民"要社区管"逐步转向"靠自己管"的状态，并且愿意管、管得好。

第四章
专家观点

第一节　老旧小区是城市乡愁的载体

天津大学建筑学院教授　宋昆

城市更新的四大内容

问：在概念和工作内容方面，城市更新和老旧小区改造之间有哪些关联？

宋昆：早在 20 世纪八九十年代，城市更新的概念在国内已经就有提及。我也持续对城市更新进行了研究。当下这一轮的城市更新加上了行动两字，也就是城市更新行动，成了与以往不同的特指。城市更新行动是城市建设或者城镇化的一种新的模式，有别于原来拆除重建，采取缓和、柔软的方式，在现有建筑物或构筑物的基础上进行更新改造，使之符合新的要求和标准，并赋予它们新的活力，这就是当下城市更新行动最重要的特征。

现在我们进行城市更新行动主要的指导方针就是"十四五"规划，其中关于城市建设的重要内容，就是在新型城镇化的框架下的城市发展模式向着城市更新的方向改变。在"十四五"规划中，城市更新包括四方面内容：老旧小区、老旧街区、老旧厂区和城中村改造。

这四块内容中的城中村在南方城市留存较多，比如深圳、广州，城市的空间规划跟不上城市发展的步伐，导致了城中村的产生。而北方的北京、天津这类发展规模相对较成熟的城市，城中村问题并没有那么凸显。不同于以往的大拆大建，当下对城中村的改造也采取了柔性的方式，结合其廉价租金的特征，强化管理体系，将其改造为长租公寓、保障性租赁住房等，适合年轻人创业、务工人员的居住需求。

老旧厂区的产权形式单一，当下的主要更新形式是改造为创意产业园。而老旧街区，其组成形式、涉及业态和产权比较复杂，其更新的方式也就比较复杂。

关于四块内容中体量最大的老旧小区的改造，其实很久之前就进行了，但是没有像当下这样系统、全面地展开。以前大都是单项内容的局部更新，比如道路、地下管网改造、建筑外立面美化等。作为与老百姓切身的生活环境密切相关的老旧小区改造，最终目的是居民有获得感、幸福感和安全感。

老旧小区是城市乡愁的载体

问： 老旧小区改造的意义和特点是什么？

宋昆： 相比大拆大建式的重建式更新，当下的老旧小区改造在外观和整个小区空间结构方面的改变比较少，没有旧貌换新颜的冲击感，也没有立竿见影的效果。所以我们用"改造"这两个字来定义这一轮城市更新中老旧小区的更新。

"十四五"规划纲要提出，加快转变城市发展方式，统筹城市规划建设管理，实施城市更新行动，推动城市空间结构优化和品质提升。在各地对"十四五"规划纲要中城市更新行动的解读中，都不约而同地提到了城市乡愁的概念。农村的乡愁指的是看得见山，望得到水。而城市里的乡愁是人们从小到大的生活环境，这个环境并不是指某一栋作为文物保护的建筑，或者某个地标性的构筑物，而是浸润着我们生活的普普通通的居住生活空间。这里的一砖一瓦一树，都会告诉你，这是你的家乡，也就是城市的记忆。

城市的记忆是一个城市中所有个体的共同回忆，具有强烈的感召力。伴随中国城镇化的高速发展，城市的环境更替导致了越来越多的"失忆"现象。而我们当下的老旧小区改造的方式，避免了改头换面式的更新，保留了人们记忆中的元素，可以挽救随着记忆流失的乡愁。

问： 老旧小区是否具有保护价值，其保护价值体现在哪些方面？

宋昆： 有。比如北京三里河的百万庄小区，非常有代表性，虽然它达不到历史文化保护建筑的级别，但它承载着国家和历史的记忆。百万庄小区建于二十世纪五十年代，是典型的苏联围合式空间构成，这是一代人的记忆，也反映了那个时期的规划思想。

除了这类具有保护价值的老旧小区，其他老旧小区也同样具有存在的意义。不能说随着经济与社会的发展，因为老旧小区、老旧建筑的落后和脱节就全部拆除，让我们的城市变成了全新的城市。这样的城市泯灭了历史的记忆，不能给人信任感和依赖感，也割裂了文化的传承。而这种信任感、依赖感以及文化传承，并不仅仅是靠着占了城市极小比例的历史文化建筑，而是住宅小区这类城市空间中最基本的、数量最多的构成元素。

所以，保留、保护这些老旧小区，就是保留、保护我们城市的记忆，也是留住我们城市中的乡愁。

百万庄小区

自上而下与自下而上

问：从您的讲座中得知，您一直在强调自下而上的改造，我们的国家政策是自上而下的，社区自发性行为是自下而上的，两者的对接和沟通会不会有一些偏差？如果存在的话，我们应如何避免并且确保对接顺畅呢？

宋昆：自上而下和自下而上之间肯定是有偏差的，自上而下的更新就是政府承担了老旧小区改造的几乎全部工作，但是政府的工作内容和实施途径决定了这种自上而下的方式很难达到面面俱到，并且会让居民将很多责任推给政府，被动地接受改变，并且形成依赖性和惯性思维，这种依赖性和惯性思维很容易将政府推到居民的对立面——一旦满足不了居民的要求，就会被认为是政府不作为。并且，自上而下的改造方式，居民的参与度低，对改造工作的了解少，导致了居民对工作的不认同和不满意。这就造成了政府做了大量的工作，投入了大量资金，但是并没有得到理想的效果。

所以，自下而上的改造是必须的，这是居民和社区的共同形成的，能够代表居民共同利益的力量。社区或居民代表收集了小区居民最直接面临的问题、共同的利益诉求，以及自发的解决方式。这些信息自下而上的反馈给老旧小区改造的政策制定者，他们根据这些意见、建议、经验进行政策的制定和调整，这就保证了政策的落地和群众利益的最大化。

但是，两者之间的衔接渠道和衔接方式还在探索中。目前在许多地方的实践中，有着各种各样先进的经验，但是这些经验与政府执行力和居民积极性、居民素质、社区组织能力密切相关，和城市的环境、社区文化氛围也有紧密联系。因此，目前还没有总结出一套行之有效的、放之四海而皆准的、可以让自上而下和自下而上的改造贯通的策略或方法，还是需要根据具体的情况进行具体的尝试。为什么要用"尝试"这个词，因为哪怕遇到的同样的问题，参与决策的人不同，解决途径和解决方式就会出现偏差，这种偏差可能会导致不同结果的产生，而这种结果也许会满足不同诉求的居民，但很难评判优劣，也很难将其制定为通用的政策和措施。

问：您刚才提到的居民参与度的问题，虽然居民会比较积极地参与改造过程，但是对绝大多数居民来说，并不具备建筑、规划相关的专业知识，并且大都是从自身的利益出发，难以提出合理、合法、科学的解决方案，这是否会给改造工作带来很大的前期协调、沟通甚至知识普及的工作量？

宋昆：这就凸显社区规划师或建筑师的重要性。社区规划师的作用就是作为政府和居民的桥梁，充分了解小区的空间结构、历史沿革、人文氛围以及居民诉求和主要矛盾，将这些信息进行专业的转译，反馈给决策者，并协同决策者制定具体的政策和措施，并将这些政策和措施又转译成大家都明白的话给老百姓，让老百姓充分了解这些政策制定的缘由，将会导向何处。

在这里需要注意的是，社区规划师一定要明确角色定位，社区规划师是一个转移介质，也是知识普及人员，需要有足够的耐心和良好的沟通能力，这和我们传统意义上的城市规划师的工作性质是不同的。社区规划师的工作琐碎、繁杂，没有办法指点江山，挥斥方遒，需要柔性的去对待社区建设、更新中遇到的人和问题。如果没有精准的职业定位，这个工作是很难做好的。

社会组织模式的重构

问：当前面临着改造的老小区，很多都是原来的单位大院，单位大院应该是20世纪后半叶中国的社会的基层组织模式，但是随着商品房的发展，原有的以家属院为组织模式的社会架构被打散了，但新的社区架构还没有完全成熟，那我们的老旧小区改造有没有可能再去重构一种新的社会组织模式？

宋昆：其实老旧小区改造最终的归结点就是社区治理，是形成新的社区治理、管理模式。当下的老旧小区，有四套管理体系，第一套管理体系是社区，属于行政管理体系；第二套是业主委员会，是业主自治体系；第三套是物业管理公司，属于服务管理体系；第四套是原来的产权单位，但是产权单位的管理体系已经逐渐解体了，有的是机构单位消失了，有的是房屋产权多次转移，在这样复杂的情况下，原来的机构单位已经没有任何积极性来承担老旧小区改造的职能了。

目前我们也在探索老小区改造中的组织管理问题，在尝试以党建引领的方式，发挥基层党组织的作用，将四套体系融合在一起，各自发挥优势和作用，成为一个新的，具有活力和积极性的新的管理模式。

问：但是原有的那种邻里相闻、和谐友好的氛围已经消失，无法恢复了？

宋昆：其实原有的停留在我们记忆中的那种亲密友好的邻里关系在一定程度上是建立在对人们私密空间的过度侵占基础上的。这家饭菜刚上桌，隔壁就知道你家吃的什么了，这属于被动的亲密。这种过度亲密的邻里关系已经不符合现代人生活的要求了，但是现在商品化住宅小区的邻里关系又过于冷漠。所以我们更希望找到一种中间状态，既能保障居民的私密要求，又能有足够的邻里间交往机会和空间。这就需要社区去营造足够多公共、半公共空间来为大家提供服务，也就是把家庭的空间留给自己，把交往需求放到家门外。这也是我们老旧小区改造的一个重要的任务，可以通过社区活动中心、社区食堂、绿地空间等公共设施来实现。

对于以住区范围内的交往关系，我们将其定义为地缘关系；以工作或职业的原因产生的交往关系，我们称之为业缘关系。现在的社会生活中，年轻人的交往较少依靠地缘关系，更多的是业缘关系；但是老年人、儿童的交往，主要是依靠地缘关系，所以，我们老旧小区改造中最重要的就是适老化和适儿化的改造。

社区为居民提供公共活动空间

交往空间转移到社区的公共空间

问：政府统筹机制应该怎么去和社区治理结合？

宋昆：老旧小区改造肯定要靠政府统筹，但是这个统筹的度是需要探讨的问题，是政府主导还是政府引导，这涉及政府的角色定位问题。政府主导就需要深度介入，作为主角，承担大部分的资金和具体工作，也就是自上而下地对老旧小区改造工作进行开展；政府引导是政府作为组织方，作为平台，将居民、社区、物业公司以及社会资金组织在一起，将老旧小区改造和后续的运营交给市场，形成一个健康、良性的运营机制。

问：老旧小区改造目前有没有比较合理的评价体系？

宋昆：当下，我们还没有形成一个比较完善的评价标准或评价体系来对老旧小区改造的成果进行考核。老旧小区改造的考核标准一定要满足三个条件：第一是可实施，第二是可推广，第三是可持续。

第一，可实施，是指这个标准体系是可以执行的，并且执行后可以很好地改善老旧小区的设施和环境。我们这套体系标准应该顾及自上而下和自下而上两个渠道，并且能让两个渠道顺畅对接，只有这两个渠道顺利对接了，我们老旧小区改造才能有效实现。

第二，可推广，是指这个体系标准可以在相当大的区域内进行推广执行，这就需要在资金投入、操作难度、地域特征、经济发展水平等方面多处衡量。由于我们国家南北方、东西方地域差距比较大，所以，我们的标准体系也应该与当地的气候环境和社会经济相匹配，所以这个体系标准应该是有弹性的，并且适宜设置一个底线，而不应该固定在某个阈值，否则不同经济发展程度和不同收入阶层对小区改造的要求不同，避免因高就低。

第三，可持续。老旧小区改造中的可持续的标准，并不是说通过我们的改造，我们的房子由原来的 70 年的使用寿命延伸到了 100 年，而是在 70 年使用寿命中余下的岁月中，可以让人们更加舒适的生活在这里，享受到现代科技带来的便利。我们的改造标准，就是给这种便利性提供一个可以不断升级的框架。等到这些建筑到了 70 年的使用寿命，那就需要我们再进行判断评估，是否还有继续保留、提升、改造的价值，来决定它们的去留。

可持续的另一个重要方面，是后续的运营管理。目前老旧小区之所以衰败而需要整体改造，就是因为之前大部分老旧小区是没有市场化的物业服务的，改造后肯定要引入专业的、市场化运作的物业机构，这就要培养居民们付费享受服务的意识，这就需要有个过程让人们从计划经济的惯性思维脱离开来，进入到市场经济的思维。从物业服务的提供方来说，也应该改变思路，扩大传统的卫生、保安等基本物业服务的范围，将物业服务提质升级，提供增值服务，例如老人照护、儿童托管、家政服务等，业主愿意为之付酬，也顺带提升了业主的物业费缴费意愿。

第二节　老旧小区的可持续更新

清华大学建筑学院副教授、中国城市规划学会住房与社区规划学术委员会秘书长　刘佳燕

问：老旧小区改造中出现的核心问题有哪些？可以如何破局？

刘佳燕：2020 年全国开工改造城镇老旧小区超 4 万个，惠及居民 700 多万户，在取得显著成效的同时，也暴露出诸多困难和问题，从普遍性上讲，可以概括为五个方面：一是房屋产权混杂，管理难；二是改造资金需求量大，筹集难；三是居民观念制约，收费难；四是社会空间分异大，组织建设滞后，共识难；五是多部门协调复杂，统筹难。

除了这些客观存在的现实难题外，老旧小区改造项目实施过程中还存在以下突出问题，很大程度上制约了项目整体效益及其可持续性。

一是改造项目碎片化。通常是谈成一个（资金到位、工程可行、居民同意）改一个，缺乏区域层面更新规划整体性、战略性的统筹指导，背后是对各老旧小区从社会、经济和改造技术等方面进行现状和预期效益评估等基础研究支持的不足。此外，"就项目论项目"，局限于小区狭窄用地内"螺蛳壳里做道场"，未能有效利用和激活区域潜在空间资源。

二是长效管理机制建立难。大量老旧小区缺乏有效物业管理，这也是导致其建设和改造成果难以得到长期维护的症结；一些地方引入物管团队后，仍然面临物业费收缴困难、运维难以为继等问题。

三是改造工程与基层协商相脱节。老旧小区改造项目推进困难的一大原因在于，更新设计不是纯粹的技术问题，而与社区的利益协商、居民认同紧密相关，但在大量实践中，改造方案和技术选择即使开展公众参与，大多数仍集中在决策末端的公示环节，基层协商成为"做群众思想工作"的劝说任务，制约了社区对于改造的认可度和接受度，增加了项目实施的不确定性风险，以及时间与协商成本。

这两年国家一系列政策文件的密集出台，以及各地改造实践的迅速推进，意味着从早期试点探索、财政支持和行政推动为主的"试点项目"阶段，转向全域推进、政府支持与社会参与相结合的"多元共建"的新阶段，亟须探索面向城市社区可持续更

新的一体化策略和实施机制，包括空间维度上推进街区更新统筹，时间维度上完善建管联动长效机制，治理维度上强化社区治理赋能等。

从社区可持续更新的角度，有助于打破"小区"范畴的空间、资金局限，从社区、街区等更大尺度实现潜力用地、空间、服务等资源的整合与联动，更好地从时间和空间角度推进社区生活圈建设；基于先自治后整治原则，借助改造契机，以自管、自建或引入专业化团队等方式完善物业管理服务机制，尽量延长改造红利的释放周期，培育自主更新、可持续更新的造血机制；强化社区作为治理共同体的能力建设，明晰政府、社会、市场和居民各方在改造中的责权利，通过引入责任规划师、社区规划师、社会组织等外部专业力量，依托参与式设计、组织互助式服务、培育社区社会组织等方式，优化基层议事协商机制，增进邻里互动和社会资本，为社区居民从"要我改"到"我要改"的身份转变提供自组织、自管理、自服务的能力建设。

问：社区规划和传统居住区规划有什么不同？社区规划的主要内容有什么？

刘佳燕：相对于更多聚焦于邻里居住空间环境设计的传统居住区规划，社区规划"见物更见人"，强调社区作为人们生活共同体和精神家园，通过各方主体共谋共建共享，用系统和发展的视角，推动社区人文、经济、环境、服务、治理等多维度的协同发展，最终实现社区的全面可持续发展。

社区规划应秉持的主要原则包括：社区主体、综合发展、共同参与、权责一致、过程导向、因地制宜、可持续性。

社区规划的覆盖领域强调综合与多元。日本、中国等地的学者通常将其总结为人、文、地、产、景。随着近年来社区治理议题重要性的日益凸显，社区规划的主要内容可概括为包含人文、经济、环境、服务和治理五个维度。

值得提出的是，在规划中应特别关注各个维度工作的互动效应和协同推进，避免过度聚焦，或是孤立地推进某单一维度。例如，单纯针对社区空间环境进行改造，而缺乏对邻里关系和社区归属感的关注，有可能导致生活群体对改造后的空间缺乏认同感和维护意识，引发破坏环境甚至居民迁出的现象，无法实现真正意义上的完整社区。而如果通过参与式社区规划，发动居民共同商议和提出空间改造议题，参与设计方案的拟定和实施，不但有助于形成真正应对居民需求的空间方案，形成历史记忆与当代生活有机融合的地方特色文化体系，而且有助于培育参与者对成果的认同，推动改造的实施和后期维护。

问：能详细介绍一下"新清河实验"中的社区规划工作吗？

刘佳燕：清河街道地处北京市海淀区北五环外，占地 9.37 平方千米，常住人口15 万，其中外来人口约 9 万。相比于北京城众多的重要历史文化街区和产业街区，这是一个看似寻常而又极富普遍性的邻里型社会空间：展现了北京非典型的历史地区面临的发展与文化传承的冲突，记录了北京以"空间城镇化"为典型表征的快速城镇化历程，集聚了类型多样、混合交错的居住空间。

2014年至今，清华大学社会学、城乡规划等专业的师生在清河地区开展了面向基层社会治理创新的"新清河实验"。社区规划作为其中的重要内容，致力于以跨学科团队力量，通过空间规划与社区治理的整合路径，提升社区场所品质，促进公众参与，激发社区活力，实现社区的全面提升和可持续发展。

基于广泛的社会空间调研，总结清河地区的主要问题包括：社会空间分异显著，邻里关系趋向松散，社区活力衰退和自组织能力有限；区域交通不畅，停车混乱，慢行交通环境差；公共空间严重不足，环境品质低下，老旧小区活动空间短缺且缺乏有效维护；文体休闲等服务设施短缺，服务品质偏低，地方特色逐渐消亡等。究其根本，核心问题体现为公共领域发展滞后带来场所衰退：一是物质层面公共空间品质低下。传统单位主体退出，市场主体画地为牢，加上基层规划建设管理的滞后，导致服务设施配套不足和公共空间品质低下，难以满足人们不断提升的生活需求，更不用说日益涌入的中青年和创新产业就业人群。二是社会层面的公共领域发展滞后。"人的城镇化"滞后于"空间的城镇化"，市民意识缺乏，邻里关系淡漠，社会生活缺乏活力。两者进而相互影响，导致社区场所在社会与空间层面的双重衰退。

由此，确定清河社区规划的主要路径包括：① 以社区为纽带，强化社会与个体、家庭之间的紧密联结；② 从公共领域入手，聚焦物质性公共空间和社会性公共事务，激发市民意识；③ 依托参与式规划，通过场所营造与社区赋能，增进地方认同感和归属感。最终，旨在营造幸福、包容，以及社会、经济和生态可持续发展的社区共同体。

第一阶段（2015—2017年），选取试点（行政）社区开展社区规划，探索通过专业支持、社区参与的方式，围绕公共空间，形成公共议题，提升社区场所品质和归属感的同时激发基层活力。其主要工作内容包括：① 优化基层治理架构，聚焦社区民生事务；② 挖掘培育社区资产，强化社区赋能；③ 社区参与微空间改造，推动综合品质提升。工作在试点社区取得了较为显著的成果，探索出了一条通过参与式规划提升社区场所品质、增进邻里互动与归属感的有效路径，给其他社区形成了良好的示范和带动效应。这也给后续工作带来了新的挑战：一是如何从街区统筹的角度让规划效益辐射至更多的社区，二是如何吸引和动员更广泛的社会力量参与。

第二阶段（2018年至今），工作重点聚焦在通过街道层面的制度创新，从街区统筹的角度推动社区规划在更多社区的推广和规范化。其主要工作内容包括：① 编制街区更新规划，完善体检评估机制；② 创建社区规划师制度，培育本地跨学科团队；③ 规范社区规划工作流程，推动特色项目落地实施。

　　"新清河实验"中的社区规划工作有力地推动了高校师生与基层社区之间的合作共建，前者提供跨专业支持，并搭建平台引入更多外部力量；后者则为师生履行社会服务职能、促进产学研一体化提供了丰富的实践基地，助力将学术和实践成果写在祖国大地上。项目团队和成果多次得到《人民日报》、《中国青年报》、《北京日报》、北京电视台等新闻媒体报道，并获"北京市绿色生态示范区""北京市优秀责任规划师"等奖项。

清河街道"责任规划师—社区规划师"协作机制

社区规划成果和活动掠影

"清河生活馆"改造前后

第三节 多元共建，提高社区治理成效，推动老旧小区改造升级

北京建筑大学建筑与城市规划学院教授 丁奇

老旧小区改造不仅仅是设计建设的问题

目前我们国家的老旧小区改造主要包含以下几方面内容：一是老旧建筑本体的加固和提升，提升老旧建筑的安全性和节能环保性，包括进行建筑加固、围护结构改造、加装节能设施等；二是老旧小区的公共服务设施补短板和市政设施改造提升，许多老旧小区是原来的单位家属院转变而来，不仅硬件的公服设施不足，而且缺乏必要的物业服务。市政设施也面临老化需要改造提升，包括上下水改造、电路改造、加装电梯等，另外，由于老旧小区的居民中，老年人占有较大比例，所以也包含了室内外的适老化改造；三是公共空间提升，由于老旧小区建设时间早，公共空间少、空间设置不合理、利用率低以及缺乏体育休闲设施等情况，因此对公共空间的重新整理提升是提升老旧小区生活品质的重要环节。

但是老旧小区改造并非纯物质层面的设计建设问题，更是社会治理问题。从工程层面来讲，老旧小区改造的主要工作是建筑加固、市政设施改造、公共空间改善等，技术难度不是大问题。老旧小区改造属于存量更新，涉及复杂的产权、所有权和管理权，这些权责的边界往往比较模糊，改造涉及各种不同利益方的时候要么推进不下去，要么建好了没人管。另外目前老旧小区的改造资金主要依靠政府财政支持，在遇到政府财政紧张的情况下，老旧小区改造往往难以推进，或者又变成刷刷墙更换几只垃圾桶这样的不痛不痒的面子工程，对提升老旧小区的居住品质、提升居民的幸福感帮助不大。因此激发居民的积极性和主动性，激发市场主题的能动性，推动多元共建，实现共建共治共享是老旧小区改造的关键。

老旧小区改造需要从理论到方法的创新

在设计理论层面，当下不管国内还是国外，都有着不少理想社区的理论模型，但是很多理论是针对新建社区的，并不适用于既有老旧小区的改造。这些理想社区模型是建立在有与足够的空间配置相关公共基础设施的基础上的，但是对于老旧小区来讲，用地范围和建筑格局已经被限定了，并没有足够的空间容纳理论上的公共基础设施和公共空间，也没有按照当下的标准建设的专项服务设施建筑，而且每个社区面临

的问题都有其特殊性，需要具体问题具体分析，很难用固定的某种理论来界定。另外大多数理论和方法主要是针对社区物质层面建设的，而老旧小区改造更重要的是解决人的需求，也就是社区居民的生活问题，因此需要探索更多符合我国特点的社会学层面的理论方法或者规划建设与社会治理相结合的方法，才能更好地完成这一任务。

如何打造老旧小区改造的市场机制

目前我们国家的老旧小区改造大都是政府主导，但是仅靠政府的单方投入，在人力和财力上都是有限的，所以容易出现沟通不到位和资金受限或使用不合理的情况。由于沟通不到位，可能会导致政府主导的改造的工作和居民需求的错位——改造的内容并不是居民最迫切需要解决的问题。另外，目前全国这么多城市，老旧小区的数量在不断地逐年递增，如果仅靠政府投入，这将是相当沉重的财政负担。所以老旧小区改造的工作势必要动员、吸引社会、市场共同参与，形成改造主导多元化，资金来源多渠道的工作机制。

国际上如美国专门制定了适应城市更新的财政计划——公共设施改善计划（CIP）来拓展更新改造的资金渠道问题。我国在老旧小区改造比较成功的上海和广东的案例，大都是在政府投入基础上，通过引入市场机制盘活老旧小区的资产作为政府资金的补充。例如有些城市的老旧小区缺乏商业服务设施、卫生服务站等，政府探索通过技术评估，引入容积率的补偿机制，以及将原有的锅炉房等老旧设施改建为商业服务、卫生服务设施的方式，引入社会资本，解决部分资金来源问题。也有些老旧小区由居民自发捐资成立社区维护基金，对自己的小区进行改造和维护。总之，要改变当前完全由政府投入的模式，探索多元共建、市场参与的机制，才能更有效更广泛地提高老旧小区改造的效率。

老旧小区改造的核心在于社区治理

从大的专业范畴讲，老旧小区改造涉及两个主要层面：一个是工程改造，包括上述的老旧建筑加固、市政设施提升；另一个是社会学角度的提升，就是作为具有社区共同精神的人的提升——如何凝聚人。1949 年后，我国城市里的社会组织是以单位为基本组织单元的，随着商品房的出现和增加，原有的社会组织体系形式逐渐瓦解，社区转而形成社会构成的最基本单元，当下社区的作用逐步凸显，最明显的就是 2020 年新型冠状病毒感染疫情中，基层社区成为抗击疫情的最重要力量之一。所以社区建设将是未来我们社会发展的重要环节，建立现代社区生活服务体系是我们党和国家未来若干年内的重要任务，而老旧小区改造就是社区建设的物质环境的载体之一。

老旧小区改造现场调研

对绝大多数城市来讲，老旧小区的居民都面临老龄化和收入偏低等问题，对新事物的接受程度和经济承受能力都偏低，如何在老旧小区所在的社区建立现代社区服务体系是老旧小区凝聚居民的重要课题。

老旧小区的改造不仅及物而且涉人，而人的改造的难点在沟通和平衡，不同年龄、不同家庭构成、不同楼层的居民诉求都不一样，如何将他们的诉求进行平衡和协调，可以提升大多数人的生活质量，是老旧小区改造中最麻烦、最琐碎的工作，并且也很难有固定的模板套用，都需要具体问题具体分析。不过我们可以将一些成功案例的不同片段提炼出来，作为解决机制中的小模块，我们在工作中针对不同小区的不同问题时，可以通过各种小模块的调整和组合来形成整体的解决方案。

例如加装电梯，对于中低层，特别是一层的住户由于对电梯没有需求，并且对加装电梯后的采光和噪声有一定疑问，因此很难达成一致意见，导致改造工作难以开展，所以有的小区就通过加装电梯后聘请低层住户作为电梯管理员，每月从电梯管理费用中支付一部分作为劳务费用来平衡解决这个问题。

老旧小区中的自组织管理也是老旧小区改造中凝聚居民的重要方式。北京市西城区的天宁寺小区是回迁房小区，由于历史原因，小区内私搭乱建较多，垃圾乱扔状况严重，停车混乱，邻里之间矛盾较多，并且小区面积很小，也没有物业公司入驻，整体处于无组织、无管理状态。为了提升生活环境，天宁寺西里小区的居民自发组织了物业管理委员会（以下简称"物管会"），物管会制定了一系列的规章制度和奖惩机制，通过切实可行的制度和机制，提升了小区的生活品质。例如，停车问题，天宁寺小区通过垃圾分类的执行程度、对社区工作的参与程度进行积分，积分高的家庭可以获得优先停车权，由于小区内老人较多，甚至可以换取子女探望时的停车权。同时，物管会还和周边有停车场的办公机构沟通，实行错峰停车，很大程度上解决了停车难的问题。

厦门的老旧小区改造工作采用了"以奖代补"的机制和"共同缔造"的方法，通过竞争机制推动社区居民积极参与老旧小区的改造，发挥居民主体作用，每年制定改造的数量计划，引入竞争机制，想进行改造的社区制定改造方案，由政府对方案进行评定，包括资金投入，工程计划，改造后如何运营管理等，评定入选的小区才可以获得改造资金，极大提高了社区居民的积极性和主动性。

美国老旧小区改造模式

美国老旧小区改造常常有好几个机构在同时运作：一是类似物管会，成员为社区内的热心业主，负责社区内的日常活动和秩序的维护，同时也负责改造工作中与居民对接沟通的工作；二是社区公共基金，是小区改造运行的资金来源，一般为业主捐助，有些低收入社区则可能由公益基金会提供资助，社区基金由专门组织管理；三是社区规划师，由政府委托或者社区委托，保证社区内的建设项目在规划层面的合理性和合法性；四是非政府组织组织（Non-Governmental Organization, 缩写为NGO），很多NGO组织最开始的主要目的是降低社区的青少年犯罪率，后来演化为组织社区的集体活动，打造社区的共同精神。这些机构和机制共同构建了美国社区健康运行和可持续化改造的主要架构，也是社区健康发展的重要保障。

结语

总体来说，目前我们国家老旧小区改造的资金来源、社区居民积极性和市场机制是我们面临的三大难题，如何实现和促进多元投资，提升社区居民的积极性是需要我们共同探讨的问题。从大趋势来讲，老旧小区改造是未来城市发展必须面临的重要工作，其主体在未来相当长的时间内仍然是政府，但是不能仅仅由政府主导，还需要引入多元机构，另外要提升社区居民的凝聚力和参与改造的积极性。

第四节 合理利用改造机制，
重塑老旧小区美好生活

上海同济城市规划设计研究院五所所长 李继军

问：上海老旧小区改造的主要政策及机制有哪些？

李继军： 2021 年 2 月 3 日，上海市政府印发《关于加快推进本市旧住房更新改造工作的若干意见》（以下简称"《若干意见》"），是未来一段时间上海老旧小区改造的主要政策指导文件，相关机制主要有五类，即区级旧住房更新改造的专项改造计划的编制机制；基于居民意愿、更新改造需求、地区发展需要的改造区域评估机制，并组织公众参与；社区规划师、建筑师和设计师进社区的设计保障机制；部门协作、公共服务设施和公共空间共享的协调机制；基层党组织领导，社区居委会配合，业委会、物业服务企业等参与的协商议事机制。

专项改造计划的编制机制：各区政府根据本辖区老旧小区实际情况，开展存量旧住房摸底调查，编制本区旧住房更新改造总体计划，确定辖区内旧住房更新改造的总体目标、发展方向和"一小区一方案"的更新改造策略，并形成区级"十四五"旧住房更新改造实施计划，通过年度计划动态调整，滚动实施。

改造区域的评估机制：涉及规划、土地审批的拟更新改造老旧小区，由区房屋管理部门会同规划资源等部门根据单元规划和社区现状，结合居民意愿、更新改造需求、地区发展需要等，梳理评估拟更新改造老旧小区的既有规划情况以及更新改造设想对规划基础设施和地区发展的影响，评估和比选旧住房更新改造实施路径。同时，评估满足老旧小区更新改造回搬与增量需求所需的公共要素清单，并按照实施紧迫度、服务半径合理性以及实施可行性，明确区域公共要素规划建设方案。区域评估应组织公众参与，征求利益相关人和社会公众的意见。

提升改造的设计保障机制：推动社区规划师、建筑师和设计师进社区，参与旧住房更新改造，将专业设计意见、居民群众诉求和公共利益进行整合，推进项目有序实施。对重要路段、重点区域、重要建筑的旧住房更新改造，实施项目方案评审制度，在消除安全隐患的同时，提升城市品质和立面效果。

统筹资源的协调机制：健全政府统筹、条块协作、部门共管的工作机制，进一步强化旧住房更新改造年度计划与电力、通信、供水、排水等专项改造计划的统筹。充分利用老旧小区更新改造资源，深入挖掘和整合小区内及周边各类闲置空地、公有资源、闲置房屋，用于老旧小区环境和公共配套设施、服务设施的建设。鼓励小区联动改造，实现公共服务设施和公共空间共享。

强化居民参与共建的协商议事机制：完善旧住房更新改造党建引领的群众工作机制，形成基层党组织领导，社区居委会配合，业委会、物业服务企业等参与的协商议事机制。通过在旧住房更新改造过程中打造民意"直通车"、公众"议事厅"，实现更新过程共同参与、更新成果无缝移交、物业服务同步提升。加强专项维修资金续筹和公房租金管理，促进形成质价相符的物业服务体系，提升改造后小区的自我管养能级。

问：上海老旧小区改造主要内容有哪些？

李继军：以往老旧小区改造主要是解决老小区没卫生间、没电梯等硬件的问题，若干意见发布后，这一轮改造将从市场化角度研究上海老旧小区的实际问题，通过各类商业模式创新，让老旧小区的生活空间更大、生活质量更高。同时，通过相关模式创新，吸引更多社会资本进入，符合市场运行的规律，真正让老旧小区改造惠及各参与主体。

根据若干意见，老旧小区改造主要包括加快推进在旧住房成套改造、提升旧住房修缮改造水平、推进保留保护建筑修缮、实施既有多层住宅加装电梯四方面。

问：上海老旧小区改造的主要标准有哪些？

李继军：改造方向及大方向应符合《上海市15分钟社区生活圈规划导则》《城市居住区规划设计标准》，根据《若干意见》，具体操作细节应符合《上海市城市规划管理技术规定》《上海市旧住房综合改造管理办法》《上海市旧住房拆除重建项目实施管理办法》《上海市拆除重建改造设计导则》《三类旧住房综合改造项目技术导则》以及相关建筑规划设计标准。

问：上海老旧小区改造的难点、痛点有哪些？

李继军：第一个痛点是改造的持续性和部门合作的问题。比如今年绿化工程没有考虑慢行道和无障碍的问题，那市政工程明年如果修路就需要重来一次，前一次的设计没有给后续的设计预留空白和条件，而这样的话，后一次的改造也可能会破坏前一次的成果，造成浪费。在改造过程中应该做一个短期与长期结合的计划，探讨可持续更新的各种可行性，各阶段达到的目标和时序是什么。

第二个痛点是顶层设计的问题。顶层的方案和设计没有制定完好，实际工作便很难完成，另外技术人员制定了顶层设计的方案，但实际社会组织管理并没有跟上，实施过程中就容易遇到不好解决的问题。

问：上海老旧小区改造的特点、亮点有哪些？

李继军：在土地政策方面，上海将鼓励充分利用小区既有用地，加强集约混合利用，按照规划，用好空闲地和地下空间。在不违反规划且征得居民同意的前提下，用于改善原住户居住条件、完善公益性配套设施的建筑增量，免予办理用地手续，不再增收土地价款。由于成本较高，老旧小区改造压力较大。通过建筑增量商业化运作的思路，将新增房源用于商业用途，自然增加了老旧小区改造的收入，也能够吸引各类投资者或社会资本介入，具有非常好的市场优势。

问：在老旧小区改造中如何引入社会力量筹措资金？合作模式和效果如何？

李继军： 在财税政策方面，上海市、区两级财政安排专项资金，对旧住房更新改造项目予以支持。鼓励各区通过发行地方政府债券，筹措改造资金。同时，居民可提取住房公积金，实施既有多层住宅加装电梯。同时，就像上面提到的亮点，通过建筑增量商业化运作，吸引各类投资者和社会资本介入，引入社会力量筹措改造资金。

问：上海市在老旧小区改造中和居民沟通方面有哪些经验？

李继军： 面对涉及多数或全体居民利益的问题，解决方案不能一言堂，可以组织热心社区公共事务的居民骨干，共同与其他居民沟通。

居民的事情居民议，居民的难题居民解。居民是问题的提出者，也是老旧小区改造的受益者，可以邀请居民一起全程参与改造，为其营造平等的沟通环境、搭建沟通平台，一起推动改造的实施和日常维护。

问：到目前为止，上海做了哪些老旧小区改造成功案例的宣传工作？

李继军： 普陀区的宜川二村 184 号：加装电梯，第一批用上电梯的老旧小区。

虹口区春阳里风貌保护街坊更新改造：里弄房屋内部整体保护的试点项目。

静安区彭三五期：拆除重建建设工程。

静安区临汾路 380 弄"美丽家园"建设工程：打通便民服务的"最后一千米"。

问：在老旧小区改造中有没有借鉴过现有的社区改造经验？

李继军： 美国面对老旧小区改造资金来源问题，所给予的多样化公共融资激励具有一定的参考价值；韩国围绕"城市再生"理念已经形成了比较完备的城市改造制度体系，也有很多社区营建的实践案例，对我国的老旧小区改造具有很好的借鉴意义。

国内方面，香港"以人为先，地区为本，与民共议"的工作方针，对内地老旧小区的改造有很好的参考价值。

附：以新理念推进老旧小区改造新行动

1）以法律、法规为手段，精细化推进城市更新行动

慎重对待留改拆建等更新行动，以多层次、多维度、多导向的城市更新规划"体系"应对城市发展面临的新问题、新机遇，而非传统意义上的一个规划无所不包。

对于城市存量空间资源释放应该有据可循，且可评估可追溯可适应。通过过程管理，以城市体检为工作方法，高质量推进。

上海保留张园，人走建筑留，赋予新功能

张园更新改造规划

新功能植入后的丰盛里

上海市街道设计导则

上海市河道规划设计导则

上海市 15 分钟生活圈

（上海的城市建设经历了"见缝插楼""拆改留""留改拆"三个历史阶段，它们分别对应了工业化、城镇化、城市更新三个历史时期的时代特征。）

2）以资源的再认知，深度保护城市高质量更新

除了紫线、文物保护等成熟的空间保护资源外，应结合城市自身的文化传承和空间迭代，对于优秀的历史、文化建筑、场所、空间、非物质文化载体进行普查，应查尽查，建立优秀空间资源管理系统，全面登录，避免"误伤"而不可回溯。

上海市政府于 2003 年批准了《上海市中心城历史文化风貌区范围划示》，确定了中心城 12 个历史文化风貌区，之后陆续增加。目前，上海已划定了中心城 12 片、郊区 32 片，总计 44 片历史文化风貌区，分别制订了保护规划指导地区建设；在风貌区内划定了 144 条风貌保护道路，总长度超过 100 千米，分类进行保护；确定了 19 处全国重点文物保护单位，163 处市级文物保护单位，632 处优秀历史建筑。2015 年，通过《上海市城市更新实施办法》，城市更新的对象由原先旧区改造、工业用地转型等类型扩大到全市建成区范围。《上海市街道设计导则》《上海市河道

规划设计导则》和《上海市 15 分钟社区生活圈规划导则》等导则的编制，以及社区微更新、"城市更新四大行动计划"，将城市更新的对象进一步向道路空间、河道空间等市政交通空间以及社区层面深入。

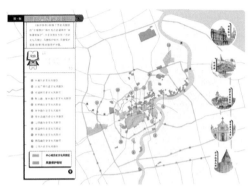

上海市中心城历史文化风貌区

3）以治理创新，把既有违章与私搭乱建纳入存量资源释放之中，提高城市更新资源利用效率

通过评估和规划，在一定程度上精细化认定既有违法建设。通过局部保留、改造、利用，合理赋权，替代一拆了之的传统"合法合规"做法，走出城市更新中资源缺乏的窘境，尤其是对于建成区域内民生补短板的工程和功能。

北京杨梅竹斜街居民私自搭建物

改造后的搭建物利用

4）以规划管控创新为途径，对于城市更新进行分区分类管控和指导

老城区的既有空间相对稳定，产权分配也已完成。但是随着时代的进步和老百姓需求的变化，新的公共产品和公共政策提供成为必然。在城市更新中空间增量的赋予成为很多地区能否如期如愿完成更新行动的重要因素。但是传统规划对于该类空间无论是指标上抑或是引导上存在不同程度的缺失或者盲区。对于存量地区的更新过程中增量空间的管制以及差异化分区管控必将成为本轮国家发展过程中的重点技术突破和管理突破。

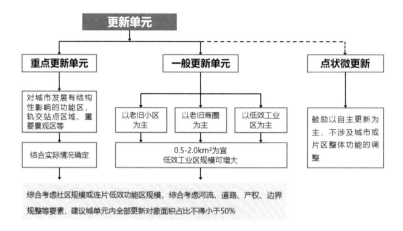

更新单元分类

5）赋权社区，健全城市更新全流程

传统社区更多关注公共事务，而空间用途管制和功能迭代多由上级行政单位许可，这就造成了供给与需求之间的时间差，出行错配、失配等低效问题。社区如何在城市更新过程中更好的持续发挥作用，党建引领下业委会、居委会、物业三合一应被赋予更多的空间裁量权。社区作为多维政策的承载单元，同时也是城市治理的末端细胞，在发挥更大的作用同时可以落实并践行城市更新政策与行动，同时持续应对变化。基层管控绩效的提升能够极大地减少政府治理成本，也是治理能力和水平的现代化的表现。其主要工作内容应包括对于公共空间（新增或存量释放）、资源的产权界定及责权利、公共资产运营等，也包括过程的绩效认定。各地老旧小区绿地建设、电梯加装等就是最好的例子。

老旧小区加装电梯

6）以城市更新单元作为差异化管控的主要抓手，应对城市微空间发展阶段的差异化和发展需求

应建立差异化的城市更新分区和指引，建立全覆盖的城市更新单元管控制度。以问题导向和目标导向切入，针对不同人口结构、经济结构、就业结构等不同的分区，给予不同的更新政策。通过更新目标、指标赋予、项目准入、行政许可等手段，反映近期发展的需求和痛点解决，如居住社区的老龄化问题、产业社区的功能迭代或者升级问题、民生短板或者功能承载水平问题等。同时以差异化的更新单元为基本资源整合平台，将各个条线政策、资金在这样的一个空间单元上进行综合配置，以绩效为目标、以百姓获得感为标准，高质量高效率推进城市更新工作。

更新单元机制建立

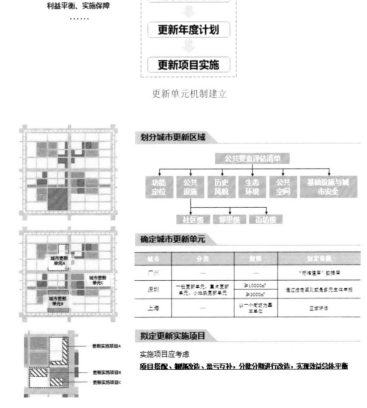

更新单元示意

注：本节部分示意照片来源自网络。

第五节 导入产业，重塑活力，打造健康可持续社区

愿景集团城区更新事业部总经理 刘楚

问：老旧小区的存量每年都在上升，不同规模、不同建成时期以及不同区域的老旧小区的改造有什么不同？是否有较为明确的分类机制？每种类型有没有普适性的对策和策略？

刘楚：老旧小区的存量更新是一个持续滚动的过程，越到后期地产开发规模越大，老旧小区更新规模也会越来越大。从产权类型上看，老旧小区可分为两种，一种是2000年以前建成的以单位公房为主的小区，此类小区大部分在1998年房改之前建成，小区产权复杂，包括自管公房、直管公房、房改房以及房改房二次上市以后的商品房。由于管理主体的变化，此类小区的物业由单位自管转变为街道和社区代管，或者交由其他平台统一管理，但总体来说管理水平相对较差。此外，由于产权复杂，多利益主体很难达成共识，例如新建停车场、存量空间用于商业经营、引入专业化物业公司等。另一种是纯粹意义的商品住宅，这种住宅产权清晰，且大部分建成年代较短，物业管理、基础设施和商业配套相对比较完善，此类小区纳入老旧小区范畴时，应当作为另一个课题。我们目前介入改造的基本都是2000年之前的公房社区。

从改造方式上来看，在出台老旧小区综合整治和完整社区的概念之前，老旧小区改造主要分为两种类型，第一类是棚户区改造形式的推倒重建，第二类是单项改造，例如增加外保温设施、加装电梯、上下水改造等。老旧小区改造经过了长期的探索阶段，目前已经摒弃了单纯硬件改造的方式，开始趋向通过社区的综合整治，达到"完整社区"的目的，即改造老旧小区居民生活环境的同时，兼顾盘活老旧小区的商业，激发居民的积极性，为老旧小区注入新的活力，使之焕发新的生机。

问：老旧小区改造工作中面临的最大的问题是什么？针对这些问题，愿景集团有没有独到的经验和解决办法？

刘楚：目前老旧小区改造面临的最大问题是政策，我们现行的关于城市规划、城市建设的法律法规、审批手续以及居住区建设标准都是按照新建小区来制定的，而老旧小区的建设标准不符合现行的居住区建设标准，所以在老旧小区综合整治的过程中我们遇到了很多政策的瓶颈和空白区。

例如涉及达到使用期限的住宅楼的原拆原建，很多地方政府对于老旧居民楼的原拆重建有增加部分面积的创新政策，但是现有的建设空间无法满足现行的日照、绿化、停车的规范要求，和现行规范之间就产生了矛盾。

此外，老旧小区改造过程中为了引入社会资本的参与，鼓励将一些低效空间进行商业化改造，但这些空间的产权和用地性质并不明晰，因此如何为此类空间办理营业执照以及卫生许可证，都是我们现行政策未曾涉及的内容。老旧小区改造需要相应的政策出台，虽然目前已经有了一些初步的尝试，但这仍然是我们目前需要探索的领域。

老旧小区改造面临的第二个问题是资金，目前老旧小区改造主要依靠财政资金，未来随着越来越多的小区划入老旧小区的范畴，财政将面临很大压力，因此引入社会资本对缓解老旧小区改造资金紧缺具有重要意义。

关于社会资本的参与方式，愿景集团做了很多尝试，其中最大的难点就是融资平衡问题。作为老旧小区改造的承接主体，只有实现融资平衡，可以有利润回报，社会资本和金融机构才会有进驻的兴趣，所以在项目策划阶段我们做了很多工作来吸引金融机构和社会资本。

首先对于金融机构来说，金融机构对借款人的要求较高，对所借资金的用途、还款收入的来源以及信用担保等都有严格明确的规定。在以往地产项目开发的贷款中，产权抵押是最常见的方式，但是对于老旧小区改造项目，多数只能拿到经营权，经营权作为授权质押是金融机构和地产开发机构都未曾尝试过的领域，大家都在摸索阶段。

其次对于社会资本来说，我们的理想框架是这些社会资本可以构建城市更新基金，专款专项用于城市更新。但是过去二十多年，传统的地产行业对收益和投资期限都有较高的要求，而老旧小区改造并不是纯市场化的项目。因此，社会资本的市场预期与老旧小区改造的经济模式很难匹配。这是我们遇到的第二个难点。

第三个问题是居民。过去二十多年中，地产开发企业的经验是立新，即建设新的项目，这些项目前期经过了市场调研、客群定位以及整体规划，其实施阶段可以按图施工，销售阶段也有成熟的体系配合，从社会学角度来看，是建立了一种新的生活模式。而老旧小区改造面对的是多元主体，如何介入甚至打破客群已经成型的生活模式是一大难点，例如北京市朝阳区的劲松北社区，居民户数共 3 605 户，常住人口近 1 万人。在改造过程中，首先要做的是征询居民意见，但是由于不同年龄层次、收入层次乃至不同居住楼层的居民诉求不尽相同，因此改造过程中如何协调少数人和多数人的利益，如何将居民的诉求在政策和资金允许的范围内落地实现，需要大量的沟通工作，这是以往地产开发中没有面临过的问题，也是很多地产企业想进入老旧小区改造领域又知难而退的最主要原因。

针对上述问题的解决办法，愿景集团只能说做了一些有益的探索，但每个改造项目面临的问题是不一样的，所以还需因地制宜地分析。

例如政策问题，2018年愿景集团介入劲松北社区改造时，确实遇到了很多政策的障碍，当时年国务院办公厅《关于全面推进城镇老旧小区改造工作的指导意见》和关于老旧小区改造的指导性政策还未出台，也没有引入社会资本的任何经验可借鉴，因此劲松北社区的改造过程是一个创新实践的过程。朝阳区政府和街道办事处给予愿景集团非常多的支持，从而我们也突破了当时的政策限制，先行试点。例如自行车棚的活化改造，劲松北社区自行车棚的产权在朝阳区房屋管理局，非商业用地性质，经过与街道管委会的协商，我们在没有改变用地性质的情况下吸纳了小微商业的进驻，引入了理发店、社区食堂等居民生活必需的小微生活服务内容。愿景集团这些探索尝试得到了北京市政府的认可并向全市进行推广，政府减少了投入，社会资本也可以实现微利可持续的盈利模式。

劲松美好理发改造前后对比图

随后，政府进一步完善政策供给，2021年5月10日和6月10日，北京市政府先后出台了《2021年北京市老旧小区综合整治工作方案》和《关于老旧小区更新改造工作的意见》，明确提出"鼓励社会资本根据居民意愿以市场化方式参与老旧小区综合整治"，并且可以"利用现状房屋和小区公共空间补充社区综合服务设施或其他配套设施"。

在资金筹措方面，已成功拿到了几笔银行贷款，但是总体来说，不管从资本模式和资本收益角度都需要有突破和改进。在资本介入模式方面，还需要更大的力度去突破现有的模式，即突破只考虑产权质押的模式，应当将经营权也纳入质押范畴；同时需要资本机构转变观念，因为高收益的地产资本时代已经过去，未来地产投资机构需要将预期收益降低，接受微利可持续的投资模式。

针对居民的问题，近几年我们也积累了一些经验。第一，要坚持党建引领。由于劲松北社区是公房社区，虽然房改后有部分产权发生变化，但是大部分居民都曾在同一个机构工作过，有很多老党员、骨干职工，在我们的工作推进过程中通过社区和基层党组织得到了很多党员和骨干业主的支持和理解，并且通过这些党员和骨干，又争取了更多业主的支持。第二，业主参与式治理是解决居民问题的理想方式。在劲松北社区的改造工作中，从产业内容到空间整治，我们详尽征询了业主的意见，整个社区共 3 605 户，我们做了 2 000 多份问卷，对居民的需求和意见做了充分的调研分析，最后我们综合这 2 000 多份问卷，在此基础上做出了有利于绝大多数居民的解决方案。业主参与式治理可以让业主全程参与社区改造，业主的意见得到尊重的同时，也对改造的过程和成果有了共情和维护。

总体来说，居民工作需要细心耐心，工作内容需要下沉到每户居民。愿景集团秉承做难而正确的事情的企业价值观，以为社会服务的态度对待我们的工作，这也是我们能够在社区改造这项工作中坚持下来的原因之一。

问：与新建项目不同，老旧小区改造面对的主体对象是每一个单户居民，与主体对象的沟通过程是否有详尽的计划和方案，会出现什么样的意料之外的事情？如何将单个利益和群体利益协调一致？

刘楚：老旧小区新加的电梯一般采用外挂式，需要伸出楼门口 4 米左右，低层居民认为会影响采光，还可能影响到公共区域的停车位。这种矛盾的产生直接关系到业主的切身利益， 为了解决这类矛盾，社区居委会、党委和我们做了大量的工作，最终采用了社区引导、业主内部协调的方式解决问题，这也是社区文化建设的一个侧面。

但是长期来说，最理想的方式是市场化运作，通过空间改造活化来解决矛盾。比如劲松北社区，社区资源禀赋相对不错，社区内有很多低效空间，我们引入很多服务的业态的同时，增加了停车设施，在社区内部形成自平衡。而石景山区六合园社区内部空间相对不足，于是我们居民投票通过的前提下，在社区内新建了一个综合体，综合体的屋顶做空中花园，保证了社区的绿地率，一层及半地下建立了立体停车设施，中间层引入了社区食堂等经营空间，以及老年活动中心等公益活动空间。

六合园南社区新建立体停车综合体

在社区没有可利用空间的情况下，可以采用大片区或跨片区平衡的方式。大兴区的枣园社区内空间狭窄，难以形成自平衡，通过大兴区政府和清源街道的综合评估，我们取得了社区附近的一些沿街商业空间以及社区外一个废弃的锅炉房的改造经营权，以此来平衡社区改造的成本投入。目前我们将废弃锅炉房改造成为周边提供生活服务的小型综合体，囊括社区食堂、菜市场、社区图书馆等。

大兴区枣园社区锅炉房改造后

问：老旧小区改造后的社区商业有什么特点？有哪些商业运营的方式和方法？

刘楚： 老旧小区的社区商业和新建住宅区的社区商业有很大不同。新建住宅区的社区商业一般集中于社区的中心或几处，形成一定规模的商业街区，而老旧小区的社区商业是利用存量空间，有以下几个特点：第一是已经有了固定的客群，可以根据客群特征进行商业业态定位；第二是空间碎片化，老旧小区可以引入社区商业的空间主要是以往的废弃空间和低效空间，布局分散，单个空间面积较小，因此对社区的商业的布局也有一定的影响。

劲松北社区改造时，共有1000多平方米的废弃空间和低效空间入驻社区便民业态，经过详尽的分析与策划，我们将1000多平方米分为三个不同的类别：第一类为公益空间，是完全不能产生任何收益的业态空间，我们设置了一个社区会客厅，用来组织社区活动。社区会客厅增加了居民与居民、社区与居民、我们与居民之间的互动联系，未来可能会延伸到上门服务的商业范畴。此外，通过各种活动和交流，彼此增进了相互的理解，物业费的收缴率也直线提升。第二类是准公益空间，比如社区食堂、裁缝铺等，这类业态能负担的租金水平相对较低，但又是小区里面不可或缺的生活服务业态，为了保证居民生活的便捷，这类业态是必须设置的。第三类是生活品质提升的业态，这类业态可以承受的租金水平相对较高，对改造承接机构来说，是盈利性的业态。因此，老旧小区的社区商业设置不能单纯以租金高低来决定，而是从居民的需求出发，以居民为中心来决定业态格局。

从商业空间布局的角度，由于都是利用的碎片化空间，老旧小区的商业布局呈网络化分散在整个社区中，极大地提升了居民生活的便捷性和招商的吸引力。并且这种分散的网络化布局和集中式的商业中心可以形成良好的互补关系。

问：在老旧小区改造的资金平衡方面，除了持有型物业的租金收入，还有很重要的一块是物业费，愿景集团如何保障物业费方面的收入？

刘楚： 愿景集团旗下的子公司——和家生活科技集团，其业务主要基于完善的物业服务，延伸到家政、中介、美居、"最后一千米"配送服务等，并积极探索社区零售、社区养老、医疗服务等领域，针对居民的具体需求，打造一个完善的服务体系，并逐渐扩展到街道和城市的层面。

其实老旧小区的物业管理工作是比较艰巨的，其物业费收缴率不高，导致物业公司不愿入驻，没有物业公司的专业服务与管理，住区的生活环境每况愈下，形成了恶性循环。其中物业不肯进驻最主要的原因是沟通不畅，导致双方无法换位考虑问题，如果能够搭建一个顺畅的沟通渠道，相信绝大多数居民都是乐意掏钱购买相应的物业服务的。

2019 年 7 月份，朝阳区房管局物业科批准了我们在劲松北社区的物业服务备案，我们采用先尝后买的形式试服务了 5 个月，2020 年的 1 月 1 号开始正式收缴物业费，劲松北社区从小区建立至 2020 年，40 多年来没有缴纳过物业费，以往每年 36 元的卫生费甚至无法收齐。但是我们接管社区物业后，截至 2020 年底，劲松北社区的物业费收缴率达到 81%，这个数据也令我们自己感动，之前在做财务模型预估的时候，物业费收缴率是按 30%、50%、80% 做了 3 年的爬坡计划，但是没想到第一年就达到了 81%。

通过对项目的复盘分析发现，居民的参与感和认同感是物业费催缴顺利的重要原因。参与感在刚才的问题中已经提到，认同感的建立也颇费一番心力。首先我们尽职尽责地做好了物业的本职工作，让业主们感受到了小区环境的变化，使业主对我们有了初步的认同。此外，我们举办了一系列的社区活动，从而推动了社区居民对物业认同感的提升。例如针对社区老年人比较多的特点，在新型冠状病毒感染疫情之前，每周六晚上七点我们会在社区广场放映电影，老人们差不多五点就会拿着椅子去占座位，有一次我帮一位阿姨搬椅子，问她喜不喜欢当天的电影，阿姨说放什么电影并不重要，重要是露天电影让她回到了 20 世纪七八十年代的感觉。

劲松北社区的老年人较多，其对新事物的接受能力较差，而智能化社会又无法离开移动支付和各种生活服务 APP，特别是新型冠状病毒感染疫情时期，出门需要扫健康码，给很多老人带来了不便，我们就组织了老年智能手机培训班，课程内容包括学习如何拍照、如何使用打车 APP、如何扫健康码等。这样的课程给居民一个守望相助、重新搭建邻里关系的机会，这类社区活动在我们的物业运营中是非常关键的环节，它所起到的作用远超做好保洁、保安、绿化、垃圾清理这些基本服务，而且这些社区活动是在公益空间中进行的，营造了小区业主与物业服务之间融洽的关系，让两者之间可以站在对方的角度看待问题，这种融洽的关系提升了物业费的缴纳率。

社区活动

问：居住区是城市中占地面积最大的区域，老旧小区改造是城市更新中重要组成部分，在去年清华同衡的会议上，您提到老旧小区改造模式的四个阶段：单项改造模式、单个小区综合整治模式、街区综合整治模式，以及城市更新模式，应该如何看待这四种模式之间的关系？

刘楚：单项改造模式是老旧小区改造的过去式，仅就老旧小区的建筑设施进行改造，比如增加外保温或更换上下水等，单项改造只能解决单点的问题，并且改造后没有对社区的深度介入和管理，导致老旧小区的整体环境仍然不尽如人意。单个小区的综合整治模式是综合提升老旧小区的生活环境和生活品质，改造管理一体化，改造方、社区、物业、居民、政府五方联动，补齐社区治理服务的短板，完善服务业态，从而使老旧小区的环境提升可持续化，社区居民参与共建共管，激发社区活力。街区综合整治模式是将单个小区综合整治延展到街区，内容更加多元，包含了商业街区和其他城市功能区。将街区的综合整治继续延展的话，就是城市更新的概念了。

从范畴上来说，老旧小区改造是城市更新的一个重要内容，城市更新的概念则更加多元，内容也更加丰富，除了老旧小区，还包括老旧厂房、商业街区等。正因为其多元化，在项目收益方面比较容易平衡，所以会有更多的社会资本参与，资金来源更加丰富。目前城市更新已经提升到了国家战略的层面，"十四五"规划中明确提出"在新型城镇化建设中，同样要提升城镇化发展质量，全面提升城市品质，实施城市更新行动，推动城市空间结构优化和品质提升"。规划中明确提出"要加快推进城市更新，改造提升老旧小区、老旧厂区、老旧街区和城中村等存量片区功能……"全国各大城市也相继出台了城市更新的指导意见和相关政策，比如上海设立了 800 亿元的城市更新基金，各大金融机构也相应开发了有关城市更新的授信贷款，城市更新已经推进至城市建设议程的风口浪尖上。

当下的城市更新除了物理层面的建设，还需要产业的导入和活力的重塑，重新激发老旧城区的生命力，即实现城市活力的复兴。愿景集团在北京市西城区尝试了以"租赁置换"的模式促进城市复兴，我们对金融街附近的真武庙五里 3 号楼进行了"租赁置换"，根据业主意愿，采用租金置换、改善置换、养老置换等多种置换方案，获取了老旧小区房屋的长期租赁权，并对业主都进行了妥善的安置，目前我们已经完成了 20 户置换签约，通过更新改造打造成周边高净值从业人员的理想住所，之后进行统一出租管理。目前出租率已经达到 90%，这种模式既提升了原居民的生活品质，又降低了在金融街工作的年轻人的生活成本。并且，我们将更有活力的年轻人吸引到老旧小区里面，提升了社区的活力和消费能力。

第六节　新技术和新材料在未来老旧小区改造中大有可为

北新建材集团有限公司副董事长、教授级高级工程师　刘贵平

问：在老旧小区改造中有没有新型材料和新型技术应用的空间？

刘贵平：从改造内容讲，目前纳入老旧小区改造范畴的，大部分都是多层住宅。就外墙改造而言，通常选用聚苯乙烯发泡保温板作为主要材料，市场上目前性价比可替代前者的材料则不多见。

传统的材料有着不可忽视的弱点。比如，聚苯乙烯发泡保温材料表面砂浆层易脱落，且防火性能较差，在燃烧时会释放有毒气体，具有较大的安全隐患，当其不能满足人们生活要求且建筑还未达到设计寿命时，会面临多次的更新改造，如此，浪费很大。因此，超耐久、性能优越、经济实用的新材料将在老旧小区改造中大有可为。

问：老旧小区改造中建筑材料的特征和发展趋势？

刘贵平：第一，住宅适用的外围护改造材料应具备以下特点：

① 尺寸适中。针对住宅立面洞口多、外挂空调的特点，使用大尺寸材料会导致损耗大，且安装效率不高，而尺寸太小，拼缝多，既影响美观，又有渗水的隐患。

② 耐久。耐久性优异的材料可保证建筑物长期正常使用，减少维修费用，延长建筑寿命。理想的外围护材料应能做到与结构等寿命，即 50 年以上。

③ 防火。随着建筑安全要求的进一步提升，A 级无机类不燃材料应作为首选。

④ 低导热系数。导热系数是衡量保温隔热材料性能优劣的主要指标，导热系数越小，则通过材料传导的热量越少。为实现双碳目标，建筑能耗要求会更加严格，低导热系数的外围护材料，也就是所谓的自保温墙体将是未来行业的发展趋势。

第二，从应用角度，即从外围护部品与主体结构连接构造的角度看，有以下几个发展趋势：当前外围护保温材料通常采用胶贴方式或塑料胀栓与墙体连接，如果墙体是强度不高的材料，在风力反复作用下，胀栓会松动，存在极大的安全隐患，应考虑安全系数更高的机械固定方式，并同时兼顾连接件带来的冷热桥问题，以实现安全节能的目标。建筑的保温隔热性能不仅取决于使用的材料，还应对构造方面下功夫，如增加热反射层可显著提升建筑的节能水平，尤其是探索微制造技术的应用。但这方面还未引起从业者的重视，建材产品的升级、高质量发展应充分借鉴材料前沿技术的应用。

　　第三，从造价角度看，外围护节能材料应根据实际使用需求及预算限制提供个性化方案。经济型方案工程造价不高于 200 元 / 平方米；中高档需求可选择超薄石材、装饰性泡沫陶瓷，因其是上千度高温产物，超耐久、不脱落，又兼顾安全与美观，工程造价约 300 元 / 平方米。

江苏淮安老旧小区外墙维护机构改造
（图片来源：中国建设报）

　　问：与传统建筑材料相比，装配式施工用于老旧小区改造领域中性价比是否合适？

　　刘贵平：装配式施工最大的优点是整体性与速效性，在施工效率方面，装配式施工与传统人力施工的比例约为 2.5 ∶ 1，也就是传统施工 5 个人一天的工作量，装配式 2 个人就可以完成，极大节省了人力成本。而目前建筑改造工程的成本构成中，建筑材料和人工的费用比例约为 1 ∶ 1，可节省人工 40% 以上，由此可见装配式施工具有较大的价格优势。还有一点也很重要，就是新的材料在耐久性方面优于传统材料，可以达到建筑设计年限，这样就避免了在建筑生命周期内多次改造的投入，也避免了材料浪费。

　　装配式施工效率较高，以 FK 轻型预制外围护系统在公共建筑中的应用为例，一个 3 米高、6 米宽的开间外围护安装，装配式施工约 10 分钟可以完成，极大缩短了施工工期。FK 轻型预制外围护成功解决了建筑外围护的抗震、抗风压、气密、水密、耐候、防火、保温、隔声等一系列问题，且在工厂内即完成饰面，施工现场无须搭建脚手架及大型塔式起重机，只需在屋顶上设 1 台小型卷扬机就可以完成安装，大幅降低整个施工废料及粉尘的排放，实现高效、无尘、静音施工。未来纳入老旧小区范畴的高层住宅，外立面改造则更能体现装配式施工的优势。

3D 打印的装配式建筑施工

（图片来源：https://www.sohu.com/a/317553910_806515 ）

问：随着老旧小区的范畴越来越大，一些高档社区也会面临改造，这些高档社区改造和现下政府投资的公益性改造有什么区别？

刘贵平：这涉及权属问题，如果是独立住宅，这个问题则很好回答，独立住宅整体建筑权属单一，归一位业主，只要业主同意，在符合规划前提下，可以选用适合自己的改造方案，以体现多样性和高质量。其他集合住宅，无论是高档小区，还是普通小区的立面改造，都得靠政府统一组织来实施。

第七节　将老旧小区改造纳入城市运营体系

中景恒基投资集团董事长　肖厚忠

老旧小区改造是利国利民、能提升城市形象和老百姓获得感的民生工程，其中，老百姓的获得感是老旧小区改造最核心的意义。近二三十年，我们国家经济和科技飞速发展，城市建设也突飞猛进，人们的生活环境也随之发生很大的跨越。一座城市中，居住在老旧小区和新建小区中的人们在物质生活环境方面是存在不均衡的，而老旧小区改造就是消除和弱化这种不均衡，从而建立现代社区生活服务体系。

老旧小区改造并不能独立于外部城市环境，而是和周边有着千丝万缕的联系，也和城市发展的方向以及智慧城市的建设有着不可分割关系，因此我们不可以将老旧小区改造和城市发展进行割裂，而是将其纳入城市运营体系统筹考虑，并寻求其可持续发展的方式方法。

当下老旧小区改造需待解决的四个问题

（1）投资机构的多元参与

老旧小区改造工作中首先要解决的问题就是资金来源，以前的资金主要依靠政府拨付，相当于国家承担了老旧小区居民的生活品质提升的成本，这种纯粹投入的模式是不具备闭合性的商业链。并且随着老旧小区改造的规模和品质提升，这部分投入会越来越大，这种模式的可持续性就会随之降低。因此，还是需要广泛吸引更多的资本加入进来，有投入、有产出，形成健康的商业循环链条。

从资金性质和来源方面，政府投入的部分用来保障基础性的设施改造，比如外保温、上下水的改造，用来保证老旧小区居民最基本的物质环境生活品质；社会资本进入，通过物业服务、商业环境改造提升老旧小区的管理和活力。

社会资本对老旧小区改造的投入有两大部分的回报。一部分是直接收费权回报，一部分是商业经营权回报。直接收费权的回报主要是物业费以及其他的社会服务性的收费，如垃圾处理费等。商业经营权是将老旧小区的闲置空间（例如锅炉房、仓库、自行车棚等）盘活作为商业用途，重新注入活力，产生商业效益。但是由于老旧小区的空间已经被限制，进行闲置空间的改造和盘活必然需要很多的政策解绑，比如用地性质的变更、建筑规范的调整等，否则就需要通过层层审批，阻碍了项目的进度。用地性质变更涉及将非商业用地转变为商业用地，建筑规范的调整涉及日照间距、建筑层数等。

如何奏好"交响曲"?——激发多元主体参与
理念和方法的转型,核心在动力机制

居民参与形式

决策共谋	共建共管
广泛收集居民意见和需求实现决策共谋。使居民从"要我干"转变为"我要干"	发动群众主动拆违、配合施工、投工投劳、出资捐物,并监督工程实施和维护管理

效果共评	成果共享
制定评价标准和评价机制组织居民对改造效果进行评价和反馈	通过共谋、共建、共管、共评,形成共同参与的社区氛围及共建、共治、共享的社会治理格局

社会单位参与形式

参与方式		参与内容
带资金参与	直接参与新增设施的改造建设和运营	如建设停车、养老等设施等有偿服务
	转让新增有现金流改造项目若干年经营权	转让停车、商业等有现金流项目一定时间经营权,获取改造资金
	以项目捆绑的模式参与老旧小区改造	老旧小区项目和其他地产项目打包,相邻地产项目新增配套,容积率补偿
	管线单位或国有专营企业参与老旧小区改造	如供水、供电、供气、通信等专营单位
带服务技术参与	小区物业管理服务	多个老旧小区联合打包,引入物业管理,物业公司创新开拓收益渠道
	社区综合服务模式	专业化生活服务平台运营商参与老旧小区改造
带设备参与	有现金收益设备	如电梯、太阳能、非机动车充电桩、智能投递柜等
	无现金收益设备	如提供楼宇门禁、安全监控设备

老旧小区改造的多元主体

（2）建立工作指引和模板

老旧小区改造是全国范围的工作，但是各个地区的地域环境不同，经济发展也并不均衡，所以改造的模式和方法各种各样，没有统一的标准和规范。这就造成了各地的老旧小区改造工作各自为战，无法用共同的方式方法、改造目标、评价机制对各地的工作机进行评价。

另外，从全国范围来讲，目前老旧小区的改造工作还处于试点和启动阶段，很多城市对这项工作还比较陌生，处于摸索阶段。虽然有试点城市的经验总结，但是还没有形成指导性的理论和改造规范，对其他城市和地区的没有发挥到最大的指导作用。

因此，目前亟须出台一个老旧小区改造的导则，在其中设置改造标准的最下限，经济发达地区，可以在这个导则的基础上进行提升，而经济欠发达地区则需要依据导则，形成改造工作的最低品质保障。并且这个导则应该细化到具体工程实施层面，每个改造类目都要有最低标准要求，不同地域的改造可以根据当地的实际情况选择改造类目。

在资本介入和改造政策方面，我们也要总结出若干基本模式，在具体工作中可以根据具体实况，以这些模式为模板，进行微调，以达到改造成果的最大化。

在制定导则的同时，我们还需要打造不同地域、不同品质的若干模板，为老旧小区改造工作树立行业标杆，减少摸石头过河的过程，以免造成时间和资源的浪费。

（3）公众参与

老旧小区改造最核心的目的，就是将住在老旧小区的居民纳入现代生活服务体系，居民作为受益者，将长期生活在被改造的居住区内，因此，他们对未来生活的期望都不应被忽视，他们的诉求应该被纳入老旧小区改造的目标中。所以，在老旧小区改造的过程中，要形成居住者、改造者和管理者之间的互动机制，提升社区居住者的积极性。

虽然居民的诉求是老旧小区改造的重要依据，但由于居民意见往往从自身出发，并且缺乏专业知识，可能缺乏一定的全局性和专业性。因此，在积极引入民众参与的同时，第一，要协调多方利益诉求的差异。比如加装电梯高低层利益冲突、停车场改造有车无车利益博弈、上下水管道改造各方诉求差异等，常常陷入"一人反对，全员搁置"的困境。在具体实施措施中，要通过会议协调、投票表决、个体动员等方式，保证大多数人的利益。同时，少数人的利益同样不能被忽视，牺牲少数人的利益来满足大部分人的诉求，是一种简单粗暴的做法，也不利于后续的长效管理。而从另一方面来说，"少数"和"多数"是一种相对的存在，任何人都有可能在某个改造项目上成为持反对意见的"少数人"。因此，尊重"少数人"，实际上是对所有业主利益的重视。例如加装电梯增加噪声、影响采光，就可考虑给予一楼住户适当补偿；增设小区停车位，有车业主缴纳费用可用来补贴物业管理，实现全体业主获益。第二，要进行民众教育，提升居民对老旧小区改造的专业认知，避免对改造政策的误读，积极向居民宣传老旧小区改造对提升居住质量和提高生活品质的意义，使居民对老旧小区改造这项政府民生工程政策有更深刻的理解。引导居民以集体为立场，统筹个人与集体之间、短期与长期之间的矛盾，共同建设现代社区生活服务体系。

在居民教育方面，除了改造过程中的沟通教育，还需要打造社区教育体系，针对老旧小区居民老龄化程度较高，老年人与现代社会脱节较严重的现状，可以打造以现代智能生活为主体的社区教育体系，例如智能手机、智能家居的使用，老年生活品质提升等。针对年轻人，可以打造儿童抚育培养、个人素质提升、兴趣爱好社团等方面的社区教育体系。通过社区教育体系的建立，提升居民的认同感和社区文化的向心性，为老旧小区的管理和运营奠定群众基础。

（4）材料和技术的可持续性

老旧小区改造工作中需要注意的最后一点，是材料和技术的可持续性。老旧小区改造是一项投资巨大、关系民生的工程。在具体工作中，我们要做到一次投入，长久受益，将最先进的建筑技术以及新材料、新工艺应用到老旧小区改造中，做到当下先进，未来若干年内不落后。包括智慧城市的高新科技，将老旧小区的居住品质进行一次性提升，直接纳入智慧城市的运营体系。

另外，要做好工程统筹，一次性实施到位，不要今天改外立面，明天改上下水，给社区居民造成多次困扰的同时，还带来人力、物力、财力资源的浪费。

从城市开发到城市运营

经历了 2000 年之后城市大扩张、大开发的历程，这几年我们的城市发展趋于冷静，从量的提升转向了质的提升。转变之前，我们的城市建设发展的关键词是"开发"——地产开发公司、城市开发区……现在，我们的城市建设发展的关键词需要转变为"运营"了。

顾名思义，城市运营不是拿地—盖房子—卖房子这种简单的三步走，而是从城市研究、城市金融、城市产业、城市营造到城市服务这五大板块缺一不可。城市研究，就是深度了解城市的经济、社会、空间发展脉络，找出城市发展的问题和矛盾，并寻求解决办法；城市金融，是指城市发展的资金来源、筹措方式与发展收益分配；城市产业，是指一座城市赖以存在和延续下去的经济命脉；城市营造，是对城市空间进行统筹规划和设计建设，使之适应城市产业和城市人口的发展；城市服务，是为城市中生活的人们提供生产和生活上的保障和便利。

对已经习惯了原有城市开发模式的政府机构和地产机构以及资本机构来说，城市运营是一个全新的挑战，需要学习和摸索的地方还很多。2015 年开始中景恒基投资集团就开始探索城市运营之路，从地产开发型企业向物业持有型企业转变。中景恒基投资集团先后在江苏连云港、四川眉山，还有河北张家口，做了三个城市运营的综合项目，涉足了从空间建设到产业引进再到物业管理多个层面。

在城市运营中，城市存量资产的更新是非常重要的一个板块，城市存量资产的内容多种多样，其中就包含了老旧厂房、仓库以及老旧小区。老旧小区改造是城市存量资产中占比较大的部分，但是单纯的老旧小区改造的运营模式和收益并不理想。因此需要将其纳入整个城市运营的大系统，与周边的其他城市功能区联动盘活，才能让老旧小区改造工作更加顺利的实施，同时，也为城市带来更加充足的发展动力和活力。

智慧城市领域的业务延伸

近几年随着智慧城市概念的提出，中景恒基投资集团也基于自身的业务范畴，在智慧城市领域延展了业务空间。从 2015 年开始，中景恒基投资集团就开发智慧社区相关的产品，目前已经取得了一些成果。例如智慧电梯，传统的电梯在维修保养和故障警报方面都有较大的不足，由于电梯使用频率不同，保养的时间和频率也有不同，智能电梯可以自动记录运行距离、时长和开门次数，自动通知电梯保养机构，避免由于保养不及时而产生相关的事故。同时，智能电梯可以通过面部识别，向外可以与城市管理机构联网，为居民提供安全保障，向内可以和智能家居联网，为居民提供更加便利的生活。例如现在整个社会都非常头疼的电动车上楼问题，通过智能电梯可以很好地杜绝这种现象，有效的保障居民的生命财产安全。

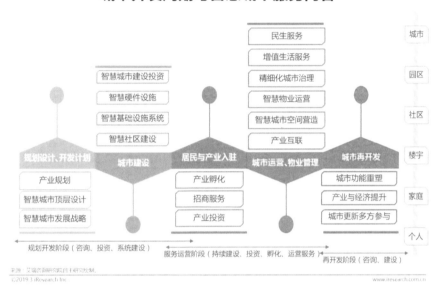

城市开发周期与智慧城市服务

（图片来源：艾瑞咨询研究院《2019 中国智慧城市发展报告》）

第八节　以有限的空间做无限的服务

筑福集团董事长　董有

问：筑福集团做了很多老旧小区的改造的案例，积累了很多宝贵经验，您认为老旧小区改造的重点和难点在哪里？然后这些难点是怎么去解决的？

董有：老旧小区改造是我们当下面临的一个重要课题。我们在"十二五""十三五"期间，配合北京市住建委进行了很多老旧小区改造的工程实践。"十二五"期间，北京市总体规划了5 850万平方米的老旧小区改造任务，其中含1 000万平方米的抗震加固工程。这个时期的老旧小区改造基本上是自上而下的实施方式，也就是政府发布任务，并承担所有费用。这期间筑福集团也协同北京市住建委制定了老旧小区的改造标准，其中重点难点就是抗震加固。

"十三五"时期的老旧小区改造又有了新的要求，就是要做老百姓满意的老旧小区改造，并且北京开始了电梯加装工程。其实从2012年，上海就尝试过加装电梯工程，为了平衡工程费用，上海曾经探讨过加高一层、增加容积率的方式，但是老旧小区本身就处在市中心需要疏解整治的区域，所以这种方式可实施空间比较小。

当下的"十四五"期间，老旧小区改造已经在全国推广普及，筑福集团的业务也延伸至全国各地。主要工作除了推广我们"十三五"期间的宝贵经验，也进行了一些新的尝试。我们不光是在北京，也走出北京，在福建、上海、山东等地做了很多老旧小区改造的项目，大部分工程都是加装电梯，因为建筑结构、小区空间构成不同，带给我们的挑战也是各种各样。例如，福建地区日照间距较小，多层建筑的楼间距也较小，加装外挂电梯的空间有限，所以我们就采用了两栋楼共用一部电梯的方式，节省了占地面积，为居民留出更多的绿地和活动空间。除了具体的工程项目，我们还配合中国建筑设计研究院完成了全国的电梯加装标准，还配合天津市完成了加装电梯的指导意见。

现在老旧小区加装电梯的技术是比较成熟的，难点在于居民的意见难以统一协调，因为低层住户对电梯的需求不高，而且加装电梯对他们的室内采光还是有一定影响，因此，加装电梯的难点在于群众意见的协调。

从技术层面讲，老旧小区改造项目中比较难解决的是停车问题，因为老旧小区的空间结构已经成型，而老旧小区的建设时期是没有预料到我们国家的机动车发展如此迅速，并没有预留出足够的停车空间，当下也很难为此腾退出大面积地域。2012年，我们在北京石景山区八角北里试点解决老旧小区的停车问题。我们从一开始在路边划分停车位，接着尝试一个车位可以停两辆车的子母车位的双层立体停车，再到向地下要空间的多层垂直循环的立体停车，一直在努力地探讨在有限空间内扩容停车位的问题。

但是对于地面空间有限，而停车需求量又较大的小区，我们就需要另辟蹊径了。石景山区鲁谷小区六合园北里有 6 栋高层，4 栋多层，单项技术已经满足不了 800 个车位缺口，所以我们将已经尝试过并取得成功的技术进行综合应用，妥善地解决了这个小区的停车问题。

对比新建小区，老旧小区改造的确面临着各种难点，并且每个小区的难点都不同，有的是电梯问题，有的是停车问题，还有保温问题，我们需要具体问题具体分析，寻求妥善的解决之道。

在国家的"十四五"规划中，老旧小区改造也是被重点提及的内容，其中建于 2000 年以前的小区必须进行改造，建于 2000—2005 年的争取改造。在当下的老旧小区改造中，根据改造程度和标准不同，分为基础类改造、完善类改造和提升类改造。当下全国范围内推行的老旧小区改造项目，大都以基础类为主，所以目前筑福集团在探讨的课题是如何在基础类提升的有限资源空间内，同时尽可能地向完善类和提升类靠近。

在不断实践过程中，我们也在不断地完善技术体系和改造标准，有了体系和标准的支撑，后续的工作将会逐步标准化、规范化，也就更加容易进行评价和统筹。

莲花池西里全景

莲花池西里管道改装

莲花池西里加装电梯

问：如何解决老旧小区改造中群众意见不一致的问题？

董有：老旧小区改造中居民意见不一致归根结底是利益不协调。"十二五"期间的老旧小区改造基本都是政府出资，主要工程内容是外保温、上下水的改造，基本不存在利益纷争。但是到了"十三五""十四五"涉及了加装电梯，扩充车位，就触及了高层与低层、有车与无车的利益矛盾——高层需要电梯，低层不需要，有车的需要停车位，无车的希望有更多的活动空间和绿地。除了使用的便利性利益之外，还有直接的经济利益，加装电梯作为完善提升类改造，政府补贴作为主要资金来源，还有一部分需要自筹，自筹资金由谁承担，承担比例如何分配也成了群众意见不一致的主要原因。

要解决这些利益不协调的问题，还是要让居民们认识到除了直观的显性利益之外，还是有很多没有特别直接显现出来的隐性利益。北京二手房交易中心的数据显示，老旧小区加装电梯后，房价平均涨幅为 7%；也有数据显示，北京的望京地区同面积的有电梯和没有电梯的老旧小区户型租金差价约为 1 000 元 / 月。深圳的租金差价更是到了 2 000 元 / 月。

并且老旧小区改造需要综合进行评价，不能仅看到其中单项改造的利益得失，例如，电梯加建对高层居民有利，上下水改造和暖气则有利于低层居民，从综合收益评价，大家的受益还是很均衡的，大家互相支持，互相帮助，也有利于形成和谐友好的社区氛围。在资金筹措方面，除政府补贴的资金外，其余资金筹措的基本的原则应该是谁受益谁出资。

问：筑福集团在老旧小区改造方面，已经形成了完善的技术体系了吗？

董有：现在技术体系架构比较完善了，不过体系里面的技术内容还可以不断进行创新和发展。在我们运用于老旧小区改造的技术体系中，处于比较前端的技术课题包括如何达到绿色建筑评级的二星三星的标准、如何达到碳中和等。这些课题的成果不断地丰富、充实进我们的技术体系，然后生成标准模板，向各个地区、各个城市输出。

问：那么目前筑福集团承接的老旧小区改造项目中，"谁受益谁出资"的概念推进得顺利么？

董有：经过这些年的实践，在资金筹措，特别是居民自身出资方面，道路是艰难的，但是结果还是美好的。比如我们在莲花池西里 6 号院推进的加装电梯工程，历时 5 年，仅与不同户主协调的记录就有 7 万多字，我们甚至还组织了社区居民代表去上海观摩电梯加装效果。功夫不负有心人，我们在北工大家属院加装电梯成功后，8 位居民为我们送来了锦旗，这 8 位居民中有 6 位是 80 岁以上的，电梯的加装让他们的活动范围从居室内扩展到了小区乃至整个街道，极大地提升了他们的生活品质。

通过这件事，我们认识到，城市更新不仅仅是物理空间层面的问题，还应考虑甚至更多顾及人的心理需求层面，所以，城市更新也可以叫作城市"耕心"，通过设施和空间的优化，将人们由于生活不便造成的积怨与懊丧疏解开，让人们重新发现生活的美好，提升幸福感。而我们的工作，也从制造建筑提升为了生产幸福。

随着老旧小区改造的不断推进，人们的意识也不断提升，当大家形成了为便利生活付费的意识，为自己的美好生活买单，那我们就迎来了老旧小区改造的新的阶段。

问：老旧小区改造对于城市管理来说也是一个挑战，在城市管理层面，应该如何应对呢？

董有：老旧小区的改造工程比较琐碎，每项的工程量不大，且不同小区面临的具体问题，待改造内容不同，纷繁芜杂。同时，老旧小区作为城市中较大占地面积的组成部分，它的改造成功与否又关系着民生与民情，所以是城市管理工作中一个新的挑战。

北京市在老旧小区改造方面试验了各种各样的管理模式，从一开始的政府主导，到现在的市场化资本参与，尝试了从政府到社区，再到企业不同责任主体的改造模式。总结了很多经验，也有一些教训。比如，政府主导，就容易出现模式僵化，与被改造的环境和其中的人硬性对接，导致屦不适足的情况产生；企业主导，也会出现对当地政策和情况不了解，行政对接效率缓慢的问题。

经过不断地尝试，我们总结出，老旧小区改造，要做好顶层设计，就像一个好的调度，要决定哪些职能部门和机构参与，参与度和职责内容是什么，不同职能部门和机构之间的对接模式和对接节点和节奏，都要进行合理的设计。一旦流程理顺了，大家责权清晰，我们面临的问题也就迎刃而解了。例如，城市管理部门就负责传达和解读上层政策，并制定适合当地情况的具体策略，金融机构就负责制定老旧小区改造的金融信贷政策，市场资本负责具体改造内容和后期的运营管理，街道负责民意民情的调研和沟通。大家通力合作，定期沟通，形成健康有效的改造机制，与被改造小区的居民一方柔性对接，才能将老旧小区改造做成民意工程、老百姓满意的工程。

问：在老旧小区改造中，有限的改造空间如何和现代的生活模式匹配呢，特别是老旧小区中老年人比例较高，怎么满足他们对现代生活的要求？

董有： 老旧小区改造的目的就是满足居民对美好生活的向往。老旧小区的空间架构是固定的，如何用有限的旧有空间创造出更加符合当下生活的空间，是实施过程中的一大挑战。老旧小区的居民中，老年人比例较高，他们有在居住空间中的社交需求，平时大家看到的常态就是老大爷、老大妈拎着马扎坐在小区绿地的中心广场、路边的人行道上休息、聊天，但是北方的冬天比较寒冷，人们的户外交往空间就受到限制。我们尝试过将锅炉房等废旧设施改造成活动空间，但是很多小区内的废旧设施也是有限的，所以我们又尝试将集装箱这类可移动建筑引入老旧小区改造，为居民增加更加舒适的交流、交往空间。

对于老年人来说，随着我们国家老龄化社会的到来，老旧小区加装电梯，增加公共的活动空间，满足了他们的社交需求，提升了他们的精神生活品质。虽然我们的退休年龄在 60 岁，但是大部分 80 岁以上的老年人才需要恰当的单项服务和定期护理，社区需要给他们提供中间这 20 年间的生活服务和精神服务。所以社区里的公共空间和小型服务设施都是必不可少的，我们需要重新树立社区营造的价值观，不但是有好的房子、好的硬件设施，还要有好的软件服务。宋代诗人楼璹的《织图二十四首·采桑》中有"邻里讲欢好，逊畔无欺侵"的句子，这是我们祖先对和谐社会的描绘。当下，我们可以通过智慧化社区、文化社区，让大家重新寻找我们内心的力量，去寻找利他主义，并且身体力行去帮助别人，打造和谐化社区，形成和谐社会、现代生活的基石。